不忍不逃，
正面掌控情绪

[美]贾斯汀·巴里索◎著　　王希斐◎译

北京联合出版公司
Beijing United Publishing Co.,Ltd.

图书在版编目（CIP）数据

不忍不逃，正面掌控情绪 /（美）贾斯汀·巴里索著；
王希斐译 . -- 北京：北京联合出版公司 , 2020.1
ISBN 978-7-5596-3591-4

Ⅰ . ①不… Ⅱ . ①贾… ②王… Ⅲ . ①情绪 – 自我控
制 – 通俗读物 Ⅳ . ① B842.6-49

中国版本图书馆 CIP 数据核字 (2019) 第 263016 号

不忍不逃，正面掌控情绪

作　　者：[美] 贾斯汀·巴里索
译　　者：王希斐
责任编辑：喻　静
封面设计：胡椒书衣工作室

北京联合出版公司出版
（北京市西城区德外大街 83 号楼 9 层　　100088）
北京联合天畅文化传播公司发行
天津光之彩印刷有限公司印刷　新华书店经销
字数139 千字　880 毫米×1230 毫米　1/32　7.75 印张
2020 年 1 月第 1 版　2020 年 1 月第 1 次印刷
ISBN 978–7–5596–3591–4
定价：48.00 元

这本书研究深入，故事生动，读起来妙趣横生。对于希望深入了解企业领导力和企业管理的人们以及想要提高整体企业文化的人们来说一定不能错过。

——马歇尔·戈德史密斯（Marshall Goldsmith），世界知名领导力思想家、畅销书《此是彼非》（*Triggers and What Got You Here Won't Get You There*）作者

关于究竟什么是"情商"，贾斯汀·巴里索在书中做了完整回答。他从一个全新的视角向我们展示了什么是"情商"，然后教导读者一步步去培养自己的情商，为自己所用。值得一读。

——丽贝卡·贾维斯（Rebecca Jarvis），艾美奖获得者、《无限丽贝卡》（*No Limits with Rebecca Jarvis*）主持人

非常棒的一本书，颠覆了我们对情绪性行为的了解，并且告诉读者如何学以致用，成为驭"情"高手。

——亨德里·韦辛格（Hendrie Weisinger），畅销书《压力下的表现》（*Performing Under Pressure*）作者

扎实的研究，简单的解释，令人信服的讲述。本书对于想要培养情商的读者来说是新的必读书。无论你是公司首席执行官、中层领导还是入门新人，这本书都能让你受益匪浅。

——J. T. 奥唐奈，《每日工作》（*Work It Daily*）创立者兼首席执行官

本书是一本非凡的书，充满了实用的智慧。无论这是否是你买的第一本关于情商的书，你都可以从中受益，你会发现很多你能立刻用到的解决问题的新思路。

——凯文·克鲁泽（Kevin Kruse），LeadX创始人兼首席执行官、《员工敬业度2.0》（*Employee Engagement 2.0*）作者

本书是对情商的终极指导。它的内容实用且具启发性，能教会你如何成为一个更受大家爱戴的好领导……以及一个更好的人。

——杰夫·哈丹（Jeff Haden），《神话动力》（*The Motivation Myth*）作者

贾斯汀·巴里索的这本书会让你重新思考你做决定的方式。众所周知，在男性主导的行业，尤其是在技术行业工作的女人总被认为过度情绪化。这本书告诉人们，成功的关键不是对情绪视而不见，相反，处理好情绪能帮助我们走上成功之路。

——曼迪·安东尼亚奇（Mandy Antoniacci），创业者、TED演说者、天使基金投资人

许多作者在写关于情商的书时缺乏足够的情商，但贾斯汀在写的时候不时停下来思考你如何去学习、去感受，以及你想以什么样的方式去交谈。你一定能通过这本书受益匪浅。

——克里斯·马迪斯科泽克（Chris Matyszczyk），Howard Raucous LLC总裁、科技资讯网《技术错误》专栏和Inc.com网《荒谬驱动》专栏创办者

从如何从反馈中学到更多，到如何以更积极的方式使自己更有说服力，再到如何更好地驾驭情绪，我从这本书里学到很多现实经验，相信你也能如此。这是我们认识情商、触碰情商的最佳方式。

——杰瑞米·戈德曼（Jeremy Goldman），Firebrand集团创始人、《走红：如何打造个人品牌》（*Going Social and Getting to Like*）作者

通过这本书，贾斯汀让我们懂得，为什么情商在我们这个时代更重要。他的关于行为的概念和定义，让很多人对他人和自己有了全新的认识。

——莎莉·霍格斯黑德（Sally Hogshead），《纽约时报》畅销书《迷恋》（*Fascinate*）和《你的团队需要什么样的人？》（*How the World Sees You*）作者

了解情绪在工作中所起的作用以及明智地处理它们，是商业成功的关键。这本神奇的书将告诉你其中的原因以及该如何做。

——亚历山大·谢吕尔夫（Alexander Kjerulf），Woohoo有限公司首席幸福官

本书献给

多米妮卡、乔纳和莉莉

他们教会我太多

引 言

1995年，美国心理学家、科学杂志专栏作家丹尼尔·戈尔曼博士出版了《情商》（*Emotional Intelligence*）一书，向全世界介绍了"情商"这一概念，"情商"概念迅速风靡全球——人们普遍认为，如果一个人能够很好地理解并驾驭自己的情绪，就更有可能取得成功。这种观念极大地影响了人们对情绪的看法和对人类行为的理解。

《情商》一书问世二十多年来，世界发生了翻天覆地的变化，但对情商的研究和追求热度不减反增。

如今，分裂与对抗成为美国政治新常态，政治候选人将民众的恐惧与愤怒当作"说服大众的武器"。狂热的追随者迫不及待地将"持异见者"驳斥为愚蠢与不可救药的人，他们往往言辞偏激，赤裸裸地进行人身攻击，这使得冷静与理智的讨论变得不可能。

战争、全球化和不断发展的城市化推动不同种族、文化和背景的人彼此接近。在人口过多的大城市，穷人和富人比邻而居；在一些国家，难民营在发展成熟的社区中迅速建立起来。然而，彼此之间的陌生感滋生了恐惧，而彼此之间的差异又加深了相互间的嫌隙与隔阂。

互联网将海量资讯推送到我们的指尖，新闻以闪电般的速度到达我们的眼前，我们却越来越难辨真伪。结果呢？在这个"后真相"时代，人们把情绪和个人信仰放在首位，而事实和真相沦为次要。

智能手机和移动终端的繁荣发展使人们丧失了观察与自我反思的机会，沦为收发信息、翻阅社交媒体和浏览网页的机器，而互联网信息快餐时代所带来的空虚与焦虑反过来强化了人们的这一系列行为。互联网的便利性使得我们能够随时随地与他人分享信息，但是这种便捷性也使得我们在某个情绪化时刻过度分享，从而暴露自己的敏感信息，当想要挽回时却发现为时已晚。

我们对手机等移动终端设备条件反射式的依赖瓦解了我们的自控力，同时也削弱了我们的思考能力。我们频繁光顾的网络在无形中影响着我们的情绪；我们在网上读到的故事、新闻和浏览过的视频都在慢慢影响着我们的观点和意识形态，塑造我们的心态和想法。

世界在变化，我们对情商的理解也在变化。

当"情商"概念被第一次提出的时候，很多人认为"情商"是天生的美德。支持者们将其鼓吹为解决各种问题的灵丹妙药，既可以用来解决校园欺凌问题，也可以用来提高员工敬业度。与"智商"一样，"情商"既可以用于道德的目的，也可以用于不道德的目的。例如，有研究展示，一些高情商的人如何用不道德的手段影响甚至操纵他人。

建立起个人情商可以助你炼就一副火眼金睛，洞穿并挫败他人的不良企图。通过学习和了解"情绪"及其运作机理，你可以更好地了解你自己，以及你做某项决定背后深层次的动因，从而能够事先研究出恰当的策略，以做出理智的反应，避免一时冲动说出一些让自己后悔的话或者做出让自己后悔的事，并激励自己在必要的时候果断采取行动。最后，你将学会如何运用情绪去帮助他人，并在这个过程中与他人建立更加深厚而有意义的关系。

这些只是今天的人们比以往更加需要"情商"的部分原因。

为了引导大家更深入地了解"情商"这个主题，我们将探讨以下问题：

·如何使一种强烈的情绪从巨大的破坏力转变为追求美好事物的动力？

·"问对问题"和扩大"情绪词库"如何增强你的自我意识？

·为什么培养自控力如此艰难？如何提高自己的自控力？

·如何通过了解大脑及其运作方式来帮助自己塑造情绪习惯？

·如何最大限度地从反馈中受益，无论反馈是积极的还是消极的？

·如何通过反馈让他人受益？

·在何种情况下共情可以帮助你，在何种情况下会伤害你？

·如何变得更具说服力，或者说如何用一种积极的方式去影响别人？

·情商如何帮你培养和维持更深层次、更有意义的关系？

·当有人企图利用说服原则和影响力去伤害或者操纵你或者
他人的时候，你如何更好地保护自己？

本书中，我会通过趣味研究和现实生活中的故事和案例来为
这些问题寻找答案。同时，我也会从我的个人角度出发，阐释情
商如何教会我做一个好的领导者、一个好的追随者。我还会谈一
谈我是如何利用从情绪上理解和影响他人的能力俘获妻子的芳
心，成为妻子眼中的好丈夫和孩子眼中的好父亲的。我也会详细
讲述一路走来我所遇到的危险，并告诉大家，想要成为最好的自
己，提高和运用情商只是这块拼图众多模块中的一小块，你还有
其他很多事情要做。

我的最终目标很简单：我希望帮助你学会驾驭自己的情绪，
成为你想成为的人，而不是为"情（绪）"所困，让它成为你追
求梦想道路上的绊脚石。

目　录

Chapter **6**

影响力艺术：
协商情绪，一步步改变对方

Chapter **7**

构建信任桥梁：
培养更有深度、更健康、更忠诚的人际关系

Chapter **8**

情商的阴暗面：
从绅士杰基尔到怪物海德

继续前行：
拥抱情绪之旅

1

从理论到实践：

真正的情商在生活中是如何表现的

· · · · · ·

情绪总是快于理智被激起。

——奥斯卡·王尔德

1997年，史蒂夫·乔布斯回到与合伙人共同创立的苹果公司，引领了苹果公司历史上最华丽的转身。作为首席执行官，他将苹果公司从破产的边缘拉了回来，帮助其成为世界上最有价值的公司。

很难想象，一个被自己所创立的公司解雇的人，十二年后王者归来，带领公司走出困境并取得如此大的成功，这不能不说是一个奇迹。

乔布斯以睿智和激励人奋发向上的人格魅力著称，但是他的专横、暴躁与缺乏耐心使他与苹果公司董事会的关系变得越来越糟糕，最终他被董事会剥夺其主要职责，几乎失去所有实权。感觉被背叛的乔布斯离开了公司，并成立了一家名为NeXT的创业公司。

让人不可思议的是，苹果公司的一些高级员工追随乔布斯来到他新成立的公司。刚到而立之年便已是千万富翁的乔布斯骄傲又自负，几乎总是相信自己是对的。他对待工作极其苛刻，甚至会贬低他人。那么问题来了：为什么这群天资甚高、工作专注的人抛弃之前安稳的工作来追随他呢？

安迪·坎宁安（Andy Cunningham）的话给了我们一些启发。作为乔布斯的公关经理，她推动了麦金塔电脑[1]的发布，并跟随乔布斯来到NeXT公司和Pixar公司。我跟坎宁安聊了聊，试图了解她为什么如此珍惜与这位著名的前老板共事的经历。

她告诉我："我跟乔布斯共事了五年，那真是一段难忘的岁月，简直棒极了！外界所看到的——无论是鼓舞人心的访谈还是精彩的演讲——就是乔布斯的本色。虽然有时候他要求很严苛，但与他共事的确是一种荣幸。生活中要想取得成就都必须做出牺牲和付出，有舍必有得，权衡之下，一切都是值得的。

"与史蒂夫共事每天都会给我带来丰富的情感体验，时而惊奇，时而愤懑，时而满足，所有这些感受甚至会同时发生。这是一种我不曾有过的体验。"[2]

如果你看过乔布斯的新品发布会，你就会亲身体会到这种感受。乔布斯知道如何利用观众的情绪。消费者愿意使用苹果公司的产品，是因为苹果公司的产品带给他们不一样的感受。

然而批评者认为，尽管乔布斯取得了很大成功，但是他不能处理好自己以及他人的情绪。

那么，乔布斯是否是一个情商高的人呢？

在回答这个问题之前，我们需要了解情商的核心概念。

---

[1] 即Mac。——编注

[2] Andy Cunningham, interview by author, December 8, 2017. ——原注（后文若无说明，均为原注。）

情商的定义

1995年，丹尼尔·戈尔曼（Daniel Goleman）出版《情商》一书时，很少有人听说过"情商"这一用语。在学术界，这是一个全新的概念，其相关理论由心理学家约翰·D. 迈耶（John D. Mayer）和彼得·沙洛维（Peter Salovey）提出。他们认为，就像拥有各种各样的智力能力一样，人们也拥有各种各样的情绪能力，深刻影响着他们的思考方式和行为方式。

然而，当这个概念出现在1995年10月2日的《时代周刊》封面时，一切都变了。杂志封面上用加粗的新字体赫然写着：

"什么是情商？"

《情商》一书一经问世便稳居《纽约时报》畅销书排行榜长达一年半之久，并被翻译成四十国语言。[1]《哈佛商业评论》将这一概念描述为"革命性"和"突破范式"的。"情商"概念的横空出世，让很多人重新审视他们对智力和情绪性行为的看法。

虽然"情商"这个提法在那个时候是一个全新的表述，但其背后的概念早已存在。

几个世纪以来，领导者和哲学家们就曾建议他们的追随者考虑情绪如何影响行为。20世纪80年代早期，著名心理学家霍华

---

[1] "About Daniel Goleman", Daniel Goleman (website), accessed January 7, 2018, www.danielgoleman.info/biography.

德·加德纳（Howard Gardner）认为，智力并非仅由一种普通能力构成，个人可能同时擅长几种类型的"智力"，包括理解自身感受以及理解这些感受对自身行为产生的作用的能力（自我认知智力，intrapersonal intelligence），以及理解他人情绪行为的能力（人际智力，interpersonal intelligence）。[1]

尽管如此，戈尔曼、迈耶和沙洛维以及其他一些研究者还是让我们对情绪有了更清晰的认识。随着"情商"研究的发展，人们对其展开了更深入的研究，并带来了很多新的观点和见解。

那么，我们如何定义"情商"呢？迈耶和沙洛维在其论文中做出如下描述：

> 情商是指洞察自己或他人的"情绪和感受"，将这些"情绪与感受"区分开来，并利用这些信息指导自己思考和行动的能力。[2]

请注意，根据迈耶和沙洛维对"情商"的定义，"情商"强调在实践中的应用。"情商"不仅是对情绪本身和情绪如何起作

---

[1] Howard Gardner, *Frames of Mind: The Theory of Multiple Intelligences*, 3rd ed. (New York: Basic Books, 2011).

[2] Peter Salovey and John D. Mayer, "Emotional Intelligence," *Imagination, Cognition, and Personality* 9, no. 3 (1990): 185-211, http://ei.yale.edu/wp-content/uploads/2014/06/pub153_SaloveyMayerICP1990_OCR.pdf.

用的了解，还指应用这些信息和知识管理自己的行为和人际关系以及获得理想结果的能力。

简而言之，情商是指一个人驾驭情绪，使之为己服务而非为其困扰的能力。

那么，它在生活中的表现是怎样的呢？

假设你和朋友在谈论一个话题，结果交谈从友好的意见不统一变成了充满火药味的争执。当你意识到你们的争论开始变得情绪化的时候，你努力控制住自己的感受。为了不让自己情绪失控而做出难以挽回的事情，你甚至会告辞离席。

你也可能意识到，即便你保持冷静，对方还是因为过于情绪化而表现得不理性。在这种情况下，你可以巧妙而不动声色地转变话题来化解这种尴尬。如果有必要继续讨论，你可以边等对方平静下来，边考虑如何以合适的方式再提出这个问题。

举这些例子并非要告诉你应当避免任何形式的冲突或激烈讨论，而是要提醒你，当情绪面临失控时，你应当有所察觉，这样才能悬崖勒马，避免做出让自己后悔的事。情商还涉及学习从他人的角度看待你的想法和感受，这样你的情绪就不会在听到别人的意见之前就阻止别人批评你的想法。

然而，这些只是开始。

情商是指一个人驾驭情绪，
使之为己服务而非为其困扰的能力。

四种能力

要全面了解情商，我们就需要将其分为四种基本能力[①]来帮助我们理解。

自我意识能力

自我意识能力是指能够识别和理解自己的情绪以及它们是如何影响你的。意思就是，明白情绪如何影响你的想法和行动（反之亦然）。有效驾驭情绪，它就会成为你通往成功路上的助推器；为情绪所困，它就可能成为你的绊脚石。

对情绪的自我意识能力包括对自己的情绪倾向、情绪优势和情绪弱点的识别能力。

自我管理能力

是指管理自己的情绪以完成任务、达成目标、提供益处等的能力，表现为自我控制力即控制自己的情绪反应的能力。

情绪是一种人类自然、本能的反应和感受，其受到大脑化学物质的影响，因此一个人不可能总是能够控制住自己的情绪，但是你可以控制或者克制自己的行为。因此，尝试练习自我控制能减少（尤其是在情绪激动时）做出会让自己后悔的事的机会。

更长远来看，自我管理甚至可以帮助你主动塑造自己的情绪

---

① 本书中"四种能力"框架是我个人基于戈尔曼的"四种领域"模式（包括自我意识、自我管理、社会意识和关系管理）对情商的解读。

倾向。

社会意识能力

是准确感知他人感受并理解这些感受如何影响行为的能力。

社会意识建立在共情心理的基础上。共情使你能够从他人的角度看待和感受事物，能够对别人的需要和需求感同身受，并更好地满足这些需求和愿望，让你的付出更有价值。社会意识使你能够更全面地了解他人，帮助你理解情绪在人际关系中所起到的作用。

关系管理能力

能够充分利用与他人的"关系"的能力。

关系管理能力包括通过沟通与行为来施加影响的能力。你不是试图强迫别人采取行动，而是利用洞察力和说服力来激励他们自己采取行动。

关系管理还涉及引发他人的正面情绪。这样做会不断加深与合作伙伴之间的信任，不断加强你们之间的联系。

以上四种能力中的每一种都与其他三种相互联系并天生互补。然而，它们之间并非总是相互依赖的。你可能天生会在某一方面非常擅长，在其他方面比较薄弱。比如说，你很善于感知自己的情绪，但同时很难驾驭这些感受。加强情商的关键在于首先识别自己的个人特质和倾向，然后制定策略，以最大限度地发挥自己的优势，以及最大限度地削弱弱点的影响力。

拿社会意识能力来说，预测并理解他人的感受能够帮助你避免不必要的冒犯，让你更加富有魅力，让他人对你产生好感。然而，如果它让你因为过于考虑别人的感受而不能直言敢谏，抑制你大胆表达的能力，就会成为你的弱点。

因此，社会意识能力只有与其他三种能力相互协作才能发挥出最佳效果。自我意识能力帮助你识别出你过于考虑别人的感受而不愿忠言逆耳的时刻；自我管理能力能够帮助你为可能遇到这种情况做好充分准备，培养促使你采取行动的良好习惯；最后，关系管理能力将帮助你以一种对方能够接受的方式说出你需要说的话，在达到自己目的的同时尽可能不伤害对方的感情，从而建立起信任关系。

通过阅读本书，你将逐渐学习到这四种情商技能的不同方面，以及它们如何为你所用。

情商可以测量吗

尽管很多研究人员在研究中或者是在学术期刊上倾向于将"emotional intelligence"缩写为"EI"，但是"EQ"（emotional intelligence quotient即情商）已经流行起来，并被多种语言所接受。

这是有道理的——我们可以想一想，我们在日常会话中是如何使用"IQ"（智商）这一用语的。在体育方面，我们认为，那些对游戏规则有更高理解的人智商高（"他们在篮球或足球方面智商高"），意思就是，他们理解游戏的规则和策略。这种能力并不是真的可以测量，但这种说法实用且易于理解。

类似地，当我们谈论一个人的情商时，我们谈的是他理解情绪及其运作方式的能力，但是如果不将这些知识应用起来，其价值就难以体现出来。

换句话说，真正的情商=应用中的情商。

现在有一些声称可以测量情商高低的评测，但是这些测试的价值有限。它们可能会让你知道自己对情绪以及其对行为的影响了解多少，但无法评估你在日常生活中应用这些知识的能力。

相对于量化一个人的情商，专注发展一个人的成长型思维①更有意义。

首先问一下自己：在何种情况下情绪对我不利？

比如：

·你的急脾气导致你说了一些令自己后悔的话或做了一些让自己后悔的事。

---

① 成长型思维（growth mindset）的概念近年来比较流行，部分原因是斯坦福大学心理学教授卡罗尔·德韦克（Carol Dweck）的那部著作《终身成长》（Mindset）。德韦克认为，认为一个人的才能可以通过后天的努力、好的学习策略以及不断从外界汲取养分来培养（成长型思维）的人，比那些相信才能与生俱来、开发潜力有限（固定型思维，fixed mindset）的人更容易成功。我们将在第三章进一步研究成长型思维与情商的关系。

·一时高兴允诺了别人一件事，后来才意识到自己并没有想清楚是否可以这么做。

·因无法理解对方的感受而导致焦虑甚至沟通中断。

·面对冲突与矛盾时束手无策。

·由于过度的焦虑或恐惧，你错过了一个很好的机会。

一旦你遇到上述情况中的某些情况，首先可以求助你信任的人，让他给你建议或反馈。这个人可能是你的妻子、丈夫或其他家庭成员，也可以是你的好友、知己、闺密、导师。要明确告诉他，你正在努力提高自己，你需要他诚实地回答这个问题：在何种情况下，你的情绪不利于你处理问题？留出足够的时间，以便他可以提出一些想法，然后就他的答案进行讨论。

这种做法很有价值，因为你的想法主要是在潜意识层面形成的，并受到无数因素的影响，包括以下这些因素：

·你在哪里长大的

·你是如何成长的

·你与谁有来往

·你对什么感兴趣

讨论并不是为了确定别人对你的看法是对还是错，而是要弄明白，他们眼中的你和你眼中的自己有什么不同，以及这些不同会造成什么后果。认真考虑这个问题以及你收到的任何诚实的反馈，可以帮助你建立自我意识，并找出自身的首要弱点。

最终目标

回到本书开头提出的问题：乔布斯是否是一个情商高的人呢？

的确，对于乔布斯而言，他不仅找到了一种方法来激励和鼓舞他的同事，他甚至成功地跨越语言和文化障碍，激发了全球数百万消费者的渴望。这些都是卓越的社会意识能力的标志，也是影响力——关系管理能力的一个关键方面的体现。

这样一位全世界为之癫狂的风云人物的沟通风格却让许多人感到愤怒和沮丧，这又该怎么解释呢？众所周知，乔布斯的情绪起伏很大，令人捉摸不透，还有点傲慢和自恋。他的处事风格让很多人痛苦不堪，包括他的家人和其他与之亲近的人。乔布斯本人将此归咎于缺乏自制力。当他的传记作者沃尔特·艾萨克森（Walter Isaacson）问他为何有时如此刻薄时，乔布斯回答说："我就是这样，你不能指望我成为另外一个人。"[1]

艾萨克森在两年的时间里花了很多时间和乔布斯待在一起，并采访了乔布斯的一百多位朋友、家人、竞争对手和同事。他对此有着不同的看法。

---

[1] Walter Isaacson, *Steve Jobs* (New York: Simon & Schuster, 2011).

"他伤害别人并不是因为他缺乏情绪意识，"艾萨克森写道，"恰恰相反，他能看穿别人，了解他们内心的想法，知道如何拿捏他们，因此才会听凭自己的需求对他人或哄或伤。"

如果乔布斯可以重新来过，他会改变自己吗？这很难说，但在他的故事中我们可以得到一个重要启示：情商以各种方式表现出来。除了要决定培养哪方面的能力，你还要考虑如何应用这些能力。

就像情商普通的人有着不同的性格一样，高情商人群也有着不同的性格类型，意识到这一点很重要。直接还是含蓄，内向还是外向，以及是否天生有同理心，都不是决定一个人情商的因素。

培养情绪敏锐性即识别天生具有的能力、倾向、优势和弱点。学习理解、管理和重视这些特性，你就可以准确地感知，你的情绪如何影响你的想法、言语和行动（反之亦然），以及这些言语和行动如何影响他人。

本书的目的不是尝试去提高你的情商，而是为你提供策略来将情商应用起来——运用情商来实现目标，培养持续成长的心态，以对双方都有利的方式进行实践活动。

应用中的情商：驾驭情绪，使之为己服务而非为其困扰。

Chapter

2

情绪的力量：
识别并磨炼你的情绪能力

· · · · · ·

你的情绪是你想法的奴隶，而你是你情绪的奴隶。

——伊丽莎白·吉尔伯特

2009年1月15日，美国全美航空公司1549号航班从纽约市飞往北卡罗来纳州夏洛特市。对于机长切斯利·沙林伯格三世（Chesley B."Sully"Sullenberger III）来说，这只是他几十年的职业生涯中数千次飞行中的一次。

就当飞机快要上升到3000英尺①时，沙林伯格和副机长杰夫·斯基尔斯（Jeff Skiles）注意到一群加拿大黑雁正朝他们飞来。眨眼间，这些大雁与飞机相撞，严重损坏了飞机的两个引擎。

"当大雁撞击飞机时，那感觉就像是飞机被大雨或冰雹击中。"沙林伯格说，"那声音比我听到过的最激烈的暴风雨声还要大……当我意识到我们的飞机没了引擎时，我知道我正面临着职业生涯中最严峻的飞行挑战。那是最令我恐惧的经历了，我感觉我的胃里翻江倒海，我的心坠入谷底。"②

沙林伯格脑中翻涌不停，一开始他只有两个想法：这一切不

---

① 1英尺=0.3048米。——编注

② Chesley B. "Sully" Sullenberger III and Jeffrey Zaslow, *Sully: My Search for What Really Matters* (New York: William Morrow, 2016).

可能发生，这一切不可能发生在我身上。

想的同时，他的肾上腺素激增，血压飙升。接下来的几分钟里，他和斯基尔斯需要快速做出一系列决定。他们需要衡量无数因素，却没有时间进行广泛的沟通和详细的计算。理论上要花几分钟的紧急程序必须在几秒钟内完成。

凭借多年的经验，沙林伯格认为，要想拯救机上155人的生命，他必须尝试一些他从未做过的事情。事实上，几乎没有哪个飞行员受过这样的训练：沙林伯格尝试在哈德逊河降落。

尽管困难重重，在引擎被击中208秒后，勇敢的沙林伯格将飞机安全降落在曼哈顿中城附近的河中。在机长、副机长、交通管制人员、空乘人员以及几十名急救人员的共同努力下，155名乘客和机组人员全部生还。这一事件被认为是哈德逊河上的奇迹。

回首这件事时，沙林伯格感觉一切犹在眼前。

"当时我意识到我身体上的变化，"他解释道，"我能感觉到我的肾上腺素激增，血压飙升，脉搏急剧加快。但我也知道，我必须专注于手头的任务，不要让对身体的感觉分散我的注意力。"

对全世界数百万人来说，沙林伯格在那个冬日所做的一切都是超人的表现，是令人惊叹的英雄行为。那么，他和副机长及交通管制员是如何控制住自己的情绪，创造出这个"奇迹"的呢？

答案没有藏在那些令人惊叹的时刻里，而是藏在他们多年的训练、实践和经历之中。

多年的准备

沙林伯格取得不可思议的成功绝非偶然。快速浏览一下他的简历，我们就会发现他多年来积累的技能——他曾作为空军飞行员驾驶战斗机，驾驶商用飞机近三十年，并负责过调查事故和指导机组人员如何应对空中危机。

沙林伯格在接受记者凯蒂·库里克（Katie Couric）采访时说："事实证明，从很多方面来说，直至灾难发生的那一刻，我的人生一直在为应对那个特殊时刻做准备。"[1]

哈德逊河上的奇迹很好地说明了情商前两种能力——自我意识能力和自我管理能力的力量。在那个令人揪心的时刻，沙林伯格展示了非凡的自我意识能力：他承认和理解他的身体正在经历的情绪和生理反应。之后，他运用惊人的自控力（自我管理能力的一个关键方面），将自己的意志作用于当时的情境。

库里克问沙林伯格，克服如此强烈的生理反应，努力保持平静，是不是一件很难的事情。沙林伯格的回答有些出人意料："没有。只是需要一些注意力。"

你可能永远不会遇到那样的情况，但你会面临足以改变生活的时刻。你的自我意识和自我管理能力会对你在这些时刻做出何种决定产生影响。如何培养这些能力呢？

---

[1] Chesley Sullenberger, interview by Katie Couric, *60 Minutes*, CBS, February 8, 2009.

一切从动手准备开始。

本章的目的就在于此：向你介绍能够帮助你建立自我意识和践行自我管理的工具和方法。我将展示，提出正确的问题和扩展情绪词汇是如何帮助你更多地了解自己的，以及如何运用这些知识对你有利。然后，我将解释在情绪激动的时刻专注于你的想法的重要性，并分享一个实用的记忆方法来帮助你做到这一点。

提问和反思

情商始于自我意识。我们经常在生活中做出反应，但是从来没有花时间去思考我们如何以及为什么会做出这样的反应。这会限制我们对自己行为和倾向的控制。

培养自我意识最好的方法之一就是提出正确的问题。这样做可以拓宽你的视野，帮助你从他人的角度看待自己，还能让你深入了解他人的思维和感受过程。

正如上一章所讨论的，你可以通过提出这一问题来充分了解自己：在什么情况下我的情绪对自己不利？你还可以问以下这些问题：

· 我（或你）如何描述我的沟通风格？是开门见山还是傲慢轻率？是思路清楚还是模棱两可？是机智巧妙还是老练圆滑？别人会如何描述我的沟通风格？

·我的交流对别人有什么影响？

·我（或你）如何描述我做决定的方式？我做决定的速度是慢还是快？什么因素影响我？

·我现在的情绪如何影响我的想法和决策？

·我（或你）如何评价我的自尊和自信？我的自尊和自信如何影响我的决策？

·我的情绪优势和弱点分别是什么？

·我是否对其他视角持开放态度？我是否太容易受他人影响？

·我是否应该多少保持怀疑态度？为什么？

·我倾向于关注他人积极或消极的特质吗？

·别人身上的什么特点会困扰我？为什么？

·我通常会对别人持疑罪从无的态度吗？为什么？

·犯错的时候，我会觉得承认错误很难吗？为什么？

这些仅仅是几个例子。我们的目的不是坐下来在一天之内全面地回答所有这些问题，而是培养一种学习的心态。多问问自己这些问题会激励你问更多的问题，从而引导你更好地了解自己以及弄清情绪是如何影响你的。

试着这样做 ————————————————————

这周抽出一些时间来回答以上几个问题。一定不要轻易给出答案，要深入思考，全面分析自己，至少给每个问题留出五分钟的思考时间。（把答案写下来往往比只是想想效果更佳。）试着想出更多关于你的感觉的问题。下一次你经历强烈的情绪反应时，问问自己，为什么你会这样，以及你还能从这次经历中学到什么。

使用你的情绪词汇

试想，你在某一天醒来时，感到一阵从未有过的剧痛，于是你决定去看医生。一开始，医生让你描述一下你的疼痛。根据经验，你可能使用以下词语：剧烈、隐隐作痛、火辣辣、突如其来、持续、压迫感、啮咬之痛、剧烈、撕裂之痛、刺痛、恶心、一跳一跳的、轻微的。你对疼痛的描述越具体，医生就越容易诊断出问题，并制定出合适的治疗方案。

而这同样适用于情绪方面：通过使用特定的词语描述你的感觉，你可以更好地"诊断"它们——帮助你理解情绪的源头和产生原因。使用正确的语言描述可以帮助你找到感觉的根源，并更好地让你以一种别人可以理解的方式传达这些感觉。

举个例子，假设你工作了一天回到家，和你的另一半发生了争执。他问你为什么心情这么差，而你也不清楚为什么。你可能会说你很生气或心烦，但是在思考自己的感觉之后，你会说自己受到了伤害或者被背叛了。那天早上你的伴侣说了一句尖刻的话，当时你什么也没说，因为你以为自己能忍受，但现在，很明显，伤口比你意识到的要深。一次真诚的谈话可以帮助你的伴侣了解他的话对你的影响程度之深，或者让他更好地了解你对某一特定情况的感觉。

试着这样做

　　下次经历强烈的情绪反应时，不仅要花点时间处理你的感觉，还要弄清情绪波动的原因。试着把你的感觉用语言表达出来，越具体越好。然后，决定如何处理这种情况。

集中精力控制你的想法

　　我们的情绪会对我们的行为产生巨大的影响，这就是为什么自我管理即管理感觉和反应的能力如此重要。

　　如果你能更好地控制自己的冲动，你就能让你的行为与价值观相协调。这有助于你培养决心和忍耐力等品质，从而提高你在实现目标过程中的效能。自我管理不仅是为了防止你做出让你事后会后悔的举动，还意味着找到一种方法来激励自己在遇到难处时不退缩并采取相关行动。

　　那么，你如何控制情绪，让情绪为你所用，而不是与你作对呢?

由于你的大多数情绪几乎是本能产生的，你无法控制自己在任一特定时刻的感受，但是你可以通过专注于你的想法来控制你对这些感觉的反应。

这并不意味着你可以限制想法进入你的大脑。我们都产生过一些令自己惭愧的想法，也会受到很多我们无法控制的因素，包括基因和我们成长的环境的影响。

但正如人们所说：你可能无法阻止一只鸟在你头上降落，但你可以阻止它在上面筑巢。

自我意识和自我管理相辅相成。一旦你建立了一定的自我意识，在你的情绪开始失控时，你通常就会注意到了。你在这些情况下引导自己想法的能力就像你最喜欢的媒体播放器上的一组控件一样。就像这些控件在看电影或听音乐时能派上用场一样，下面这些方法对帮助管理你的情绪反应也很有用。

1. 暂停

暂停是你工具箱里最重要的情绪工具。暂停使你不得不在说话或行动之前花时间停下来想一想。这样做可以防止你做出一些以后会后悔的事情。

暂停并非只在应对令人不安的情况时才会发挥效力。通常情况下，我们会想要抓住那些当时看起来很好但我们并没有对其深思熟虑过的机会。你有没有发现，当你在购物的时候，如果你心情好（或者心情不好），你往往会超支？在这种情况下，你就可以用暂停来帮助自己识别情绪，从而确定是真的想买，还是买了以后会后悔。

使用暂停的方法有很多种，你可以根据具体情况进行不同的练习。当你心烦意乱的时候，你会发现，从一默数到十很有帮助。在其他情况下，你可能需要把自己从当前的环境中抽离出来。

理论上，暂停很简单，但在实践中并不容易。即使你已经培养出良好的自我管理技能，但是一些因素，诸如不断增加的压力或经历了糟糕的一天等，也会抑制你在某一情况下使用这种方法的能力。这就是为什么定期训练自己使用暂停方法很重要。假以时日，你就会养成深思熟虑后做出反应的习惯。

试着这样做 ————————————————————

如果你觉得自己开始情绪化地回应某种情况，那就暂停一下。如果可能，去散散步。一旦你有机会冷静下来，再回过头来决定如何继续前进。

————————————————————————

2. 音量

当你与他人交流时，你的谈话对象通常会用与你同样的风格或语气做出反应。如果你用冷静、理性的声音说话，他们也会有类似的回应。如果你大喊大叫，他们也会大喊大叫。

这就是音量控制的用武之地：如果你面临一场情绪化的对话，就用冷静、镇定的方式说话来控制局面。

如果讨论开始激烈，就把你的精力集中在软化语气或者降低声音上。你会惊讶地发现，对方也会跟着用平静的方式与你交谈。

3. 沉默

如果与另一个人的互动变得情绪化，你可能需要按下静音按钮。换句话说，停止说话。

这个方法很有用，因为在这样的时刻，表达你的观点不会对当时的局面有所帮助；相反，它通常会让事情变得更糟。按下静音键，对方就可以不受打扰地表达自己的感受了。

当然，坐在那里听别人的咆哮和长篇大论是不容易的。那么，在这种情况下如何控制自己的情绪呢？

试着这样做

深呼吸，提醒自己，你的情绪和交流伙伴的情绪都是暂时的。记住，他们在这一刻说的很多话可能是极端的或者夸张的，要抑制住以牙还牙的冲动。

在很多情况下，对方一旦把一切都发泄出来，就会平静下来。而当你保持沉默时，一定要……

4. 记录

记录是一种集中注意力的倾听，目的是更多地了解对方的视角。换句话说，在倾听时，不要想着如何回答，而要试着去理解对方。

试着这样做

当你与他人沟通时，不要急于判断、提供建议，甚至不要试图找出潜在的问题和解决方案。

相反，集中精力收集信息，目的就是尽可能地了解他人如何看待你，如何看待他们自己，以及如何看待眼前的情况。通过认真倾听，你可能会发现你们在知识或感知上的差距，或发现之前你没意识到的基本误解。

5. 倒带

情绪化的讨论往往根植于根深蒂固的问题。如果放任不管，这些问题很可能会继续兴风作浪。这就是为什么暂停或沉默并不是为了逃避问题。

相反，应该在所有人都冷静下来时，用"倒带"的方式重提这些问题。

在重提一个敏感话题之前，仔细考虑一下，可以在什么地方、什么时候发言，以达到冷静、理性地讨论的目的。

考虑如何重新引出这个话题也很重要。例如，以道歉、表达感谢作开头，或者承认你和你的交流伙伴一致的地方，可能会让对方放下戒备，以更加开放的心态对待你说的话。

━━

6. 快进

快进到结尾可能会毁掉你看电影的兴致，但对于处理情绪是一种非常有用的技巧。如果你发现自己处于一个情绪激动的时刻，退后一步，并预想你的行为会产生的后果——无论是短期的还是长期的。

例如，假设一位同事多年来一直追求你，尽管你已经清楚地向对方表明自己是有家室之人，并且家庭幸福，生活美满，对他并不感兴趣。直到有一天，在和你的伴侣大吵了一架之后，你改变了想法，与同事互诉苦衷，感情与日俱增。

现在是快进的时候了。忘记你此刻的感受，扪心自问：自己一时冲动的行为将如何影响你？一个月以后会有什么样的影响？一年后呢？五年后呢？想想这会对你的妻子或者丈夫造成何种影响，对你的家人造成何种影响，对你的良知造成何种影响，对你的工作又会造成什么影响。

试着这样做

如果情绪影响了你的判断，花点时间快进。这样做可以帮助你厘清思路，做出让你感到自豪的明智决定。

---

7. 预告片

当你试着获得动力或者克服拖延的倾向时，"预告片"这一方法是很有用的。虽然你可能没有兴趣花九十分钟或更多的时间看一部你一无所知的电影，但你可能愿意看一个简短的预告片。同样，一个五分钟的任务预告片（或预览）也能让你觉得某件事值得你坚持到底。

"预告片"是一种古老的认知行为疗法——"五分钟法则"（the five-minute rule）的另一种叫法。它是这样起作用的：强迫自己做五分钟的任务，同时告诉自己，如果你想，可以在五分钟后停止。当然，通常情况下，你会有继续做下去的动力。预告片方法之所以有效，是因为开始一项任务通常是最难的部分。

心理学家安德烈亚·博努瓦（Andrea Bonoir）解释说："我们之所以畏惧一项巨大而无形的任务，正是因为它太庞大，定义太模糊，我们恐怕得需要两小时或两天才能把它弄明白。"[1]克

---

[1] Andrea Bonoir, "The Surefire First Step to Stop Procrastinating," *Psychology Today*, May 1, 2014, www.psychologytoday.com/blog/friendship-20/201405/the-surefire-first-step-stopprocrastinating.

服对"开始"的心理障碍会激活你的能量和势头，让你更有可能
回到任务中继续下去。

试着这样做 ————————————————————————

　　如果你正在努力寻找开始一项任务的动力，那就尝试先做五分
钟吧!

三秒钟挽救人际关系

　　我们已经知道，提出好的问题可以帮助建立自我意识，紧迫
的暂停可以帮助我们做出更明智的决定。现在，让我们把这两种
方法结合起来，看看在正确的时间问自己正确的问题如何帮助你
有效地管理情绪反应。

　　多年来，我一直在与自己不把事情想清楚就发言这一倾向做
斗争。为了改正这个缺点，我开始使用"三个问题"这一方法——
我不记得我是在哪里发现这种方法的了。多年前，喜剧演员克雷
格·弗格森（Craig Ferguson）在一次采访中给出了如下建议：

　　在你说话之前，你必须问自己三件事：

　　·这话有必要说吗？

· 这话需要由我来说吗？

· 这话需要由我现在说吗？

通过足够的练习，我们只需用几秒钟就能在脑海中解决这些问题。（弗格森打趣说，他用了三次婚姻来明白这一点。）

对我来说，这种快速的心理对话无疑是一根救命稻草。它不止一次帮助我避免说一些我很快就会后悔的话——无论是在家里，还是在工作中。同时，它也不会阻止我在适当的时候大胆地说出自己的想法。有时候，这三个问题的答案都是肯定的——即使我想说的话让我自己或听众感到不舒服。每当这个时候，这种方法都能让我自信地发言，并在重要的时候表现得果断。

也许你的倾向正好相反。如果你天生在发表意见时犹豫不决，那么你最不想做的就是劝自己三思而后行。然而，你可以通过回答下面这个问题来帮助自己管理情绪反应：如果我现在不说，以后会后悔吗？

这只是两个例子。关键是先通过提问和反思来了解自己的习惯和倾向。一旦你建立起这种自我意识，你就可以自己想出问题来向自己提问，从而保持情绪平衡。

试着这样做 ————————————————————————

花点时间思考一下你的个人交流风格。你是容易说错话，太快地答应承诺，还是经常说一些事后后悔的话，还是你倾向于保持沉

默，却事后后悔没有表达出自己的观点？

试着用上面的问题（或者自己想几个问题）来帮助自己有效地管理情绪，然后采取相应的行动。

管理情绪

愤怒、沮丧、恐惧、忌妒、悲伤、厌恶——我们都有负面情绪，如果不加以抑制，它们肯定会产生有害的影响。

有时，这些感觉可能是身体出现问题的症状。你是不是饿了？低血糖会突然让你心情变坏，但是一份快餐就可以帮助你恢复正常。睡够了吗？研究表明，缺乏睡眠会严重影响你管理情绪反应的能力。[①]

有时候，负面情绪是有用的——只要你学会有效地利用它们。这里有两种方法：

1. 将消极情绪用作改变的催化剂

哈佛大学心理学家苏珊·大卫在她的《情绪敏捷性》（*Emotional*

[①] Louise Beattie, Simon D. Kyle, Colin A. Espie, and Stephany M. Biello, "Social Interactions, Emotion and Sleep: A Systematic Review and Research Agenda," *Sleep Medicine Reviews* 24 (2015): 83-100.

Agility）一书中解释了这些感觉如何鼓励我们放慢脚步去思考，以及多注意细节而不是依赖快速得出结论。

大卫写道："'消极'情绪会唤起一种更专注、更适应环境的思维方式，让你以一种全新的、创造性的方式来审视事实。当我们过于乐观的时候，我们往往会忽略一些重要的威胁和危险……而当我们有点恐惧的时候，我们反而会集中精力去探索。人们在消极情绪中更不容易受骗，更容易持有怀疑态度，而快乐的人可能会接受简单的答案，相信虚假的微笑。"[1]

要从负面情绪中获益，你需要决定如何处理它们。

例如，大卫讲到她开始周游世界，为她的培训咨询寻找客户。当她坐在一个豪华的酒店房间里欣赏美丽的风景，享受客房服务时，她体验到一种出乎意料的感觉——内疚。她不禁想到，当她享受自由的时候，丈夫正一个人带着孩子们。

她写道："我意识到，我的罪恶感可以帮助我确定优先要做的事情，有时还能帮我调整行动。我的罪恶感告诉我，我想念我的孩子，珍惜我的家庭。它提醒我，当我花更多的时间和他们在一起时，我的生活才会朝着正确的方向前进。我的罪恶感就像一支闪烁的箭，指向我爱的人和我想过的生活。"

---

[1] Susan David, *Emotional Agility: Get Unstuck, Embrace Change, and Thrive in Work and Life* (New York: Penguin, 2016).

2. 利用消极情绪来提高注意力

要做到这一点，你必须找到一种方法来重新将你的感觉归类，引导它们发挥出积极的作用。

东北大学（Northeastern University）神经学家和心理学教授丽莎·费尔德曼·巴雷特（Lisa Feldman Barrett）在她的著作《情绪如何产生》（*How Emotions Are Made*）中阐述了一种方法。[1]如果你参加活动前感觉紧张，她建议将这种紧张感归为有益的期待（"我精力充沛，准备出发！"），而不是有害的焦虑（"噢，不，我注定要失败了！"）。

调查结果表明了这一技巧的价值。例如，即将参加数学考试的学生如果将焦虑视为身体正在积极应对的信号，他的得分会更高。[2]在另一项研究中，研究人员给参与者安排了一系列任务，包括唱卡拉OK和在公共场合讲话。参与者被指导在唱歌或演讲之前说"我很焦虑""我很兴奋"，或什么都不说。结果发现，说"兴奋"的参与者比其他参与者唱得更好，演讲得更自信、更令

---

[1] Lisa Feldman Barrett, *How Emotions Are Made: The Secret Life of the Brain* (New York: Houghton Mifflin Harcourt, 2017).

[2] Jeremy P. Jamieson, Wendy Berry Mendes, Erin Blackstock, and Toni Schmader, "Turning the Knots in Your Stomach into Bows: Reappraising Arousal Improves Performance on the GRE," *Journal of Experimental Social Psychology* 46, no. 1 (2010): 208-212.

人信服。[1]

在其他时候，负面情绪可能起因于一种临时状况——你只需找到一种方法和它们共处。

参考一下我的朋友朱莉娅最近的经历。

作为一名临床治疗师，朱莉娅的工作是帮助别人有效地处理他们的负面情绪，但在经历了糟糕的一天后，她自己在处理负面情绪时遇到了困难。在她带着后座上的四岁大的孩子们排队等候支付购物商场停车场停车费时，不幸的事情发生了——一辆车撞了她的车。那天晚上，她给保险公司打了一个半小时的电话，同时试图哄孩子们入睡。在为第二天处理好所有事情后准备上床睡觉时，马桶又坏了。她和丈夫直到凌晨一点三十分才修好它。最终，朱莉娅在凌晨两点爬上床。她描述说，当时自己有一种"不安"的感觉。

朱莉娅说："以前，当遇到这种情况时，我可以一笑了之，然后就没事了。这次不是。这回一切都不顺利。

"但是陷入沮丧之中，或者为自己的负面情绪而责备或批评自己，都不会有什么好处，所以我并没有让自己的情绪更激动，也没有因为给自己带来小小的不便而自责，而是做了几次深呼吸，承认并接受这些负面感觉，并提醒自己，它们和其他任何事

---

[1] Alison Wood Brooks, "Get Excited: Reappraising Pre-performance Anxiety as Excitement," *Journal of Experimental Psychology: General* 143, no. 3 (2013): 1144-1158.

情一样，都是临时状况——我会挺过去的。"

朱莉娅承认，那天晚上，这些感觉并没有完全消失，但也没有控制着她。

"总有些日子会比其他时候难过些，但这是我们所有人都会遇到的情况。因此，与其与之斗争，或与我们自己斗争，不如承认并接受自己是一个会感受到所有这些情绪的普通人。这些情绪都不是持久的，我们也不会因为感受到它们而变得怪异、破碎或有缺陷。我们只是普通人。"

通过承认、接受和与之共处，朱莉娅把"情绪化"变成了"情商"。

试着这样做

如果你发现自己正与消极情绪做斗争，问问你自己：这种感觉告诉我什么？我能利用这种情绪来激励自己做出改变吗？或者，我能找到一种方法来度过这一天，相信明天会更好吗？

永远不要基于一时的情绪

做出无法更改的决定。

让你惊讶的六种培养情商的途径

研究人员发现，我们最喜欢的一些休闲活动可以提高我们理解和管理情绪的能力。这里有六种让你惊喜（也很享受）的方法来提高你的情商。

1. 看电影

如果你是一个电影迷，你会发现，一部好电影能激发情绪反应——从对一个有悲剧性缺陷角色的同情到被一个鼓舞人心的故事所激励。

所以，下次看完电影，花点时间来回想一下你在电影的不同场景中的感受。问问你自己：这部电影是如何影响我的？为什么？这样做会帮助你更好地了解自己的情绪反应。

2. 听音乐

音乐对我们的情绪调节有着巨大作用。下次打开播放列表，注意每首歌所激发的感觉，并试着找出这些歌曲引起你共鸣的原因。

3. 阅读

最近的研究表明，阅读小说对大脑有独特的影响。[1]当你沉

---

[1] David Kidd and Emanuele Castano, "Different Stories: How Levels of Familiarity with Literary and Genre Fiction Relate to Mentalizing," *Psychology of Aesthetics, Creativity, and the Arts* 11, no. 4 (2017): 474-486; P. Matthijs Bal and Martijn Veltkamp, "How Does Fiction Reading Influence Empathy? An Experimental Investigation on the Role of Emotional Transportation," *PLOS One* 8, no. 1 (2013): e55341.

浸于一个故事里时，你会展开想象，让自己从角色的角度去理解他们的想法、感受和动机。这能培养你可以在日常生活中使用的共情心理。

4. 运动和锻炼

研究人员对36项评估体育运动或体育活动中的情商的研究进行了系统的回顾，发现较高的情商与更成功的生理应激反应、心理技能使用以及对体育活动更积极的态度相关。[1]

此外，这篇文章的作者指出，参加过体育运动的艰苦训练和体会过竞技压力的人能展示出理解和调节自己与他人情绪的能力。

5. 写作

越来越多的研究表明，写作，尤其是关于创伤或压力事件的写作，是一种宣泄的形式，对个人的情绪健康有很多好处。[2]

6. 旅行

正如最近的一项研究表明的那样，长途旅行可以促进情绪稳定性的提高，让个体走出舒适区，并能正确地促进成长。[3]

---

[1] Beattie, "Social Interactions, Emotion and Sleep."

[2] Karen A. Baikie and Kay Wilhelm, "Emotional and Physical Health Benefits of Expressive Writing," *Advances in Psychiatric Treatment* 11, no. 5 (2005): 338-346.

[3] Julia Zimmermann and Franz J. Neyer, "Do We Become a Different Person When Hitting the Road? Personality Development of Sojourners," *Journal of Personality and Social Psychology* 105, no. 3 (2013): 515.

稳扎稳打

直到今天，机长沙林伯格还坚称自己不是英雄。

沙林伯格在他的回忆录中写道："就像我妻子常说的那样，冒着生命危险跑进着火大楼的人才算英雄。1549号航班事件有所不同，它是强加给我和我的机组人员的。我们竭尽全力，我们训练有素，我们做出正确的决定，不轻言放弃……结果也很好。我不知道用'英勇'二字形容这件事是否合适。更准确地说，我们将我们的那套生活哲学应用到我们那天所做的事情上，以及在那之前的日子里所做的事情上。"[①]

有了正确的准备，同样的哲学可以应用在发展自我意识和自我管理能力上。

在这一章，我们讨论了一些可以用来加强你的情绪肌肉的练习。就像运动员必须学习适当的技巧才能在运动中出类拔萃一样，你也必须训练自己的情绪能力——通过认识自己情绪的力量，以及学习如何以一种有益的方式引导它们。正如掌握体能训练技巧需要时间一样，在磨炼这些心理和情绪技能时，你必须有耐心。

让我们一次只集中采用其中的一两个方法来开始训练。安排时间坐下来思考事先准备好的问题，寻找机会把它们融入你的日常生活中。然后，就像运动员一样，你必须反复练习，直到将这

---

① Sullenberger, *Sully*.

些习惯内化，让它们成为你的第二天性。

当你获得技能和经验时，你就能够结合技术和方法来完成非凡的情绪壮举，让情绪最强大的力量由破坏性转为有益。

虽然你可能不认为自己是英雄，但你依然可以挽救局面。

Chapter

3

习惯性情绪反应：

你的想法和习惯如何影响你的情绪

· · · · · ·

注意你的想法，它们会变成语言；

注意你的语言，它们会变成行为；

注意你的行为，它们会变成习惯；

注意你的习惯，它们会变成性格；

注意你的性格，它们会变成命运。

——弗兰克·奥特罗

某天，你坐在公园的长椅上晒太阳的时候，注意到一位年轻的父亲（我们姑且叫他詹姆斯）正和孩子们一起玩耍。

这时，詹姆斯的手机响起邮件提示音。接下来的几分钟里，他的注意力转移到了工作上——他开始忙着阅读和回复工作邮件。他的孩子开始变得不耐烦，央求爸爸跟他们一起玩。"等一下。"詹姆斯不耐烦地说，依旧目不转睛地盯着手机屏幕，但孩子们仍坚持让父亲陪他们玩，嗓门越来越高："爸爸，爸爸——"

突然，詹姆斯生气地嚷道："我说了，等一下！"转瞬工夫，那个平日里温和的父亲好像变了一个人。显然，詹姆斯的不耐烦吓到了孩子，他们又哭又闹。詹姆斯立刻放下手机去安慰孩子，很后悔没有第一时间控制好自己的情绪。

第二天，同样的事情又发生了。

类似的事情发生在一个名叫丽莎的女性身上。忙碌了一天之后，她朝地铁站走去。在路过她最喜欢的一家商店时，她被商店里的打折牌吸引了，她告诉自己只是"去看一眼"——她的预算里不包含购买新衣服的钱。接下来，她又看到了一双鞋。尽管知道自己负债累累，信用卡账单也在过去几个月里不断增加，但她还是抵不过新鞋的诱惑。

看着收银员刷卡，丽莎告诉自己："这是最后一次了。"

接着是史蒂夫。他花了好几年戒烟，最后他觉得自己很有进展——他已经有一个月没有抽烟了，对烟的渴望也变得越来越弱。

今天，史蒂夫在工作上很不顺心。和经理异常费劲地打完一个电话后，史蒂夫忍不住偷偷地从他朋友的烟盒里拿了一支烟，然后点上。突然，一股内疚感涌上了他的心头。

你可能见到过很多这样的事情。情况不同，诱惑不同，但行为模式通常是相似的，所有这些可归结为一点：我们的情绪与我们的习惯息息相关。

人生如斯

说到我们的情绪反应，我们都有弱点。我们可能暂停过，但还是会做出一些事后后悔的事。我们努力倾听，尊重不同的视角，但当某个我们深深信仰的价值观遭遇挑战时，我们便可能会失控。

以上几个例子充分说明了，想要培养自我控制能力，也就是管理自己的想法和言行的能力是多么难，尤其是受到某种情绪支配的时候。

若想要掌握一种技能或者能力，通常是先学习相关理论，然后把这种理论加以应用，不断地练习，取得进步，最终达到一个较高的水平。当然，我们总是会有提高的空间，但是当你回首曾经走过的路时，你会发现你真的在不断地进步。你不是吉米·亨德里克斯（Jimi Hendrix）[①]，但是你一定比一年前的你好了很多。

培养自我控制力是一个相对漫长的过程，其间会遇到很多挫折，随着时间的推移，你感到自己取得了一丁点进步，而当情绪受到刺激时，你还是会被情绪牵着鼻子走。你会说些日后会后悔的话，这让你感到很沮丧。很快，你就退回到旧习之中。

为什么培养自制力如此困难呢？难道我们只能乖乖屈服于我们每日重复的行为吗？

在本章中，我会分享一些有关大脑情绪编程的细节，同时解

[①] 美国吉他手，被认为是摇滚音乐史上最伟大的电吉他演奏者。——编注

释一下它与成长型思维的关联，还会探究改变习惯的过程。我还会探究情绪劫持的危害，告诉大家如何避免情绪劫持。最后，我会分析一下前摄行为和反应式行为的差异，以及前者是如何影响后者的。

通过学习这些内容，我们就会明白，尽管改变已有的习惯很难，但这是完全有可能的，而且我会告诉大家这么做的价值所在。

重写大脑

人类的大脑非常复杂，科学家们正在不断努力去了解它的运作方式。最近的研究揭示了人类大脑的一个显著特征：它的变化能力。

"几十年来，神经科学家假设，成人大脑的形态和功能本质上是固定不变的，"著名神经科学家理查德·戴维森（Richard Davidson）在他的著作《大脑的情绪生活》（*The Emotional Life of Your Brain*）一书中写道，"但我们现在知道，这张静止不变的大脑图是错误的。相反，大脑具有被称为神经可塑性的特性，即以显著方式改变其结构和功能的能力。这种变化可以通过回应我们所拥有的经验以及想法产生。"[1]

---

[1] Richard J. Davidson, *The Emotional Life of Your Brain: How Its Unique Patterns Affect the Way You Think, Feel, and Live—and How You Can Change Them* (New York: Penguin, 2012).

想想看，鉴于大脑的这种"可塑性"或者自我改变的能力，实际上你可以对自己的大脑进行"编程"。通过集中思考和有目的的行动，你可以影响你对你的情绪反应和倾向的控制。

这一理念与斯坦福心理学教授卡罗尔·德韦克的发现相一致。[①]多年来，德韦克研究了人们用来指导行为、激励自己和建立自我控制的自我概念。通过几十年的实验，她已经证明，虽然你可能天生具有某些天赋或才能，但归根结底，是经验、训练和个人努力帮助你成为你想成为的人。"对于一个具有成长性思维模式的人来说，当下所处的环境无论好坏，都只是事情发展的起点。"德韦克在她的畅销书《终身成长》中解释道，"每个人都可以通过学习和经验来获得改变和成长。"

说到情绪，你真的想试着控制你的情绪体验吗？

让我们考虑一些情况来说明你应该这样做的原因。

避免情绪劫持

你有没有觉得自己是一个心不甘情不愿的情绪奴隶？面对特定的情况，你似乎本能地做出了习惯性的反应，就如同按照大脑中事先编辑好的程序行事，而你对此无能为力。

[①] Dweck, *Mindset*.

之所以会这样，一个很重要的原因是，我们对特定的触发物产生习惯性和情绪化的反应。这种反应与杏仁核有关[①]，杏仁核是大脑的一部分，被称为我们的情绪处理器。

杏仁核是一种复杂的杏仁状结构，位于大脑深处，负责许多认知和情绪功能。大脑实际上有两个杏仁核，左右脑各一个。这些结构在记忆的处理过程中发挥着重要作用——它们负责将情绪意义附加到那些记忆当中。例如，当你看到熟悉的面孔时，杏仁核便开始工作了：如果你看到的是一个关系亲近的朋友，你就会感到快乐；如果你看到的是一个曾经惹恼过你的人，你就会有相反的感受。

虽然决策过程的大部分发生在大脑的其他部位（例如前额皮质），但科学家们认识到，杏仁核在特定情况下有主导决策过程的倾向。

让我们回顾一下詹姆斯的例子。当听到手机的电子邮件提示音时，他马上转移了注意力。虽然他还在孩子们身边，但是心早已飞到了办公室。当孩子们变得没有耐心的时候，他们会采用一切必要的方式让爸爸的注意力回到自己身上。随着他们哭闹得越来越厉害，父亲变得越来越没有耐心，开始烦躁发火，甚至开口骂孩子。结果呢？电子邮件没有写完，孩子哭闹不止，双方惨淡收场。

---

① Joseph E. LeDoux, "Amygdala," *Scholarpedia* 3, no. 4 (2008): 2698.

这就是丹尼尔·戈尔曼所说的"情绪劫持"（emotional hijacking）的一个简单例子：情绪压倒了典型思维过程。我们可以将此时大脑杏仁核的反应比作紧急情况下情绪控制了理智，使我们在受到威胁或者感到焦虑时马上做出下意识的反应，激活我们的战斗、逃跑或冻结反应。作为父亲的一方希望能够完成手头的工作，但是孩子们想让父亲放下手头的工作陪他们，于是他的大脑"杏仁核"将孩子的诉求理解为一种威胁，使他立刻做出攻击反应。

"情绪劫持"是一把双刃剑。在特别紧急的情况下，杏仁核可以让你爆发出平时没有的勇气去保护你所爱的人，但是它也有可能让你在日常情形下做出有风险的、非理性甚至危险的行为。

了解杏仁核的工作原理是识别"情绪劫持"，并从"情绪劫持"中吸取教训的重要一步，帮助我们制定应对"情感劫持"的策略。如果你能提前意识到那些可能会触发你"杏仁核"反应的事情自然很棒，但是很多时候恰恰相反——我们可能会因受到刺激而做出反应，从而说一些让我们后悔的话或者做出一些让我们后悔的事。

现在，你面临一个选择：你可以忘记发生过的事，下次遇到类似情况还以同样的方式做出反应；或者，你可以试着像做拼图一样对你的想法和感受进行分类。当你弄明白了为什么你会对特定的事情做出如此反应的时候，你就可以试着去训练你的缺省反应（default reaction），下次遇到类似情况，你就可以做出不同以往的反应。

如果你选择第二个选项，你就可以通过下面这些自我反思问题去考虑你的行为，来培养你的情绪反应。

·面对特定情况时，我为什么会做出这样的反应？

·这种反应伤害了我，还是帮助了我？

·当我把这种反应放在大背景下回顾时，我的感受是什么样的呢？也就是说，做出这种反应一小时后、一周后、一年后，我的感受又会是什么呢？

·在一时冲动的情况下，我是否误解了什么或是会错了意？

·如果可以重来，我会做出哪些改变？

·下次发生类似的事情，我会提醒自己什么来让自己把事情考虑得更清楚？

这些问题的目的是促使你去思考，更好地认识自己的情绪性行为和倾向。然后，你就可以采取行动来改变那些限制性或破坏性的行为。

那么，在现实生活中怎样操作呢？

举例说明：驾车时，我们很容易被并行司机的某些行为激怒。如果旁边的车辆靠得太近，或强行并入你的车道，你会因觉得他在针对你而气恼。于是，在你意识到自己在做什么之前，你用超车或别的方式进行报复，让对方知道谁更厉害。因为当时你已被情绪所劫持，所以你并不在乎这样的行为可能会造成车祸或引发暴力冲突。

事后，你可能会冷静下来。你庆幸自己的举动没有导致严重的后果，但是你会认识到，这种行为可能会让你在将来遇到麻烦。

你可以基于刚才列出的问题，再结合上一章提到的工具，思考一下上述这种情况，接下来问自己以下问题：

·如果对方之所以开车如此鲁莽是因为有急事，比如着急将孕妇送往医院，或者急着去探望受伤的家人，我的态度会有什么改变？

·如果对方并不是有意的呢？我在开车时是不是无意间有一些冒犯别人的举动？如果是我无意间挡了别人的路，我希望别人怎么做？

·如果我持续报复对方，他们会做何回应？这对我的家人和我有什么影响？冒这个险值得吗？

·当我把这个事故放在大背景下回顾时，会有怎样的感受？一个小时后、一周后，或者一年以后，我还会在意当初那个挡我道的司机吗？

带着这些问题，你的目标就是改变大脑处理这些情况的方式。如果你不再将对方的行为理解为人身攻击，那么当你被超车时，大脑的其他部分将会发生作用，从而使你进行更加周到和理性的决策。

现在，让我们再回过头看詹姆斯的例子。他对自己对孩子的失控行为感到内疚，并希望做出改变。他意识到，一边陪孩子，一边写工作电子邮件，很容易让他发火，因此他决定，以后只在特定时间里回复工作邮件，陪孩子时就将手机短信提醒调成静音或者关闭提醒，以免被提示打扰。当需要查看电子邮件时，他会告诉孩子们："爸爸需要几分钟的时间来处理工作。"然后他会把孩子交给别人看管，并保证孩子们有事做。

这样的反思提高了詹姆斯的自我意识，并激发了他的前瞻意识。詹姆斯及时意识到，同时做几件事会严重影响他的有效沟通能力。基于这种认识，他努力让自己变得更加专注。在办公室办公时，他会把手机放在一边，专心工作，只在特定时间查看手机信息。做事时，他会在集中精力完成一件工作之后，或者在完成工作的一个阶段任务后，再去做另外一件事。在家里，当妻子想跟他聊天时，他会让妻子等一会儿，等他把手头的工作做完后，再和她聊天，这样他就可以认真地倾听妻子了。

詹姆斯对自己的这些变化感到很满意。这个我知道，因为詹姆斯就是我。（"詹姆斯"是我的中间名。）

我决定把那些情绪劫持变成深入思考和反思的催化剂。当我重新审视我是谁以及我的目标是什么时，我意识到我需要做出一些改变。

我意识到，我的工作变得很危险了，因为我开始爱上它了。我如此热爱我的工作，以至于它就是我的全部。如果我离开电脑几个小时，我就会感到不舒服。只要有机会，我就会坐回到电脑前工作。

我并不想这样。

自从几年前我做出这些改变以来，事情明显变得不一样了。我真的很喜欢我的工作，所以总是想要去工作；对我来说，寻求平衡、顾全大局是一项艰难的任务。（从这一点来看，我并不完美，我妻子帮了我很多。）这样做总归让我觉得，我和妻子、孩子的感情越来越亲密了。我的工作效率越来越高，注意力也有了很大提高。这些变化让我成了孩子心中的好父亲、妻子眼中的好丈夫、老板眼里的好员工。

我想通过这个故事告诉大家，"情绪劫持"固然让人不快，但它确实在所难免。问题是，你打算怎样应对它。通过正确的策略，你可以让它为你所用，不再被它伤害。

你需要意识到，这些变化不会轻易发生，正如俗话所讲，积习难改。

设计你的习惯：主动而非被动

另一个影响我们大脑"编程"的因素与我们形成的习惯有关。

"科学家说，习惯的产生是大脑不断寻找省力方法的结果。"[1]查尔斯·都希格（Charles Duhigg）在其畅销书《习惯的力量》

---

[1] Charles Duhigg, *The Power of Habit: Why We Do What We Do in Life and Business* (New York: Random House, 2012).

（*The Power of Habit*）中这样写道。当我们的大脑高效运作时，我们不必一直考虑行走或说话等基本行为，这使我们能够将心理能量用于其他更重要的事情上。这就是为什么我们在刷牙或者平行停车时会下意识地做出行为。当大脑识别出某种特定的行为惯例会得到某种"奖励"时，习惯就产生了。

问题是，大脑无法分辨"好奖励"和"坏奖励"。上文提到的年轻女子丽莎不是因为需要新衣服而走进商店；她这样做是因为她养成了一种习惯，即通过满足自己的好奇心来获得情感奖励。同样，虽然史蒂夫非常想戒烟，但在严重的压力下他会故态复萌，他的大脑中已经形成一种通过香烟中的尼古丁来寻求解脱的联结。

你的坏习惯可能有所不同。你喜欢熬夜追剧，这会导致慢性睡眠剥夺，进而对你的情绪造成不利影响。又或者，你逼着自己去完成一件又一件工作，这会让你同时间赛跑，给自己增加不必要的压力。

改变旧习的确不易，但一旦改掉，就可以不再受其摆布。科学家们已经发现，习惯不会自行消失，但可以被替换。这意味着你可以不再毫无意识地不断重复你多年以来的现行例程。你可以通过设计自己的习惯来"重写"你的大脑。

例如，多年来，治疗师布伦特·阿特金森（Brent Atkinson）为感情出现问题的夫妇进行每周一次的心理治疗。阿特金森意识到，即使是那些深刻理解彼此行为习惯的浪漫伴侣，也会一再陷入"同样的旧模式"。他将此归因于夫妇双方各自的经历。

"大脑研究表明，在他们的一生中，人们会开发内部机制来应对令他们沮丧的事情。"阿特金森解释说，"大脑将这些应对机制组织成高度自动化的连贯自我保护神经反应程序。一旦神经反应程序形成，每次被触发，就会产生可预测的想法、冲动和行动模式。神经反应程序可以在人们毫无觉察的情况下，使他们的想法和理解产生极大偏颇……从而使人们产生强烈的攻击、防御或者逃离倾向。"[1]

换句话说，你在感到不安时采取的反应方式是你的大脑为了保护自己而形成的一种执行过无数次的习惯。（许多已婚夫妇的争吵内容都是可以预测的，他们吵架如同在背事先写好的剧本台词。）打破这种恶性循环的关键是重新调整此类情况下的回应方式。

为了帮助客户达到这个目标，阿特金森和他的同事教这些问题夫妇尝试在压力下更加灵活变通地思考。他们指导客户，在对自己伴侣的行为不满或不赞同他们的行为时，对着智能手机上的录音机说话，就好像给他们的伴侣留语音邮件信息。

之后，这些治疗师会为他们的客户播放这些录音，目的是帮助他们做到以下几点：

---

[1] Brent J. Atkinson, "Supplementing Couples Therapy with Methods for Reconditioning Emotional Habits," *Family Therapy Magazine* 10, no. 3 (2011): 28-32, www.thecouplesclinic.com/pdf/Supplementing_Couples_Therapy.pdf.

·识别出听自己伴侣对自己的抱怨时的内心反应。

·思考应该对这些抱怨做出怎样恰当的反应。

·在生气或烦恼的状态下，反复练习使用新的思考方式和应对方式。

结果非常显著——客户很快就学会了在压力下冷静思考，并改变了回应方式。"对于许多客户来说，这是他们第一次在听伴侣抱怨时认真关注自身的内心活动。"阿特金森说。

那么，如何将这些方法运用到你的个人情况中呢？

试着这样做 ————————————————————————

要尝试改变你的习惯性反应，请按照以下三个步骤进行练习：

1. 激励

阿特金森指出，任何想改变习惯的人都必须得到适当的激励。他在书中写道："他们必须确信，他们目前的习惯非常需要改变，他们是发自内心地想要改变这些习惯。"

因此，首先要找到改变习惯的动机。你想健康长寿吗？你想工作顺心吗？你想享受更高质量的生活吗？

花时间了解一下，你的习惯如何有助于或不利于你实现自己的目标，这样你就可能找到动机来做出重大改变。

2. 实践

要掌握一项新技能，你必须一遍又一遍地练习，直到它被内化。

你可以采用阿特金森的建议，让你的伴侣把他的抱怨录下来，然后你就可以稍后放给自己听一听。如果你不太可能这样做，那么你可以利用另一种方式：下次在网上阅读新闻或浏览社交媒体，寻找你感兴趣的评论或意见。不用回复这些留言或评论，只需要静下心来聆听一下在读这些内容时自己内心的声音。翻回到本书第49页，问问自己这上面提到的六个自我反思问题。最后，发挥你的想象力，回顾并再现你以前遇到麻烦的情况，然后在头脑中预演，将来再遇到类似的情况，该如何处理。

如同专业的运动员在上赛场之前反复练习一样，你也可以训练你所需要的心理反应，以便下次遇到"情绪劫持"能更好地驾驭自己的内心，做出理智的反应。

3. 应用

尽管经历了无数个小时的练习，运动员在现实世界的比赛中依然会获得宝贵的经验。只有在竞技场上，运动员才有机会运用他们的技术和经验。

你也将有很多机会应用你所反复练习的东西。每天我们都有很多被情绪支配的时刻，比如与生气的同事或者家人争论，或者面对一种难以抗拒的诱惑。

我个人对应用这些方法的体会是，现在我遇到的情绪劫持比以前少了。另外，一旦发生情绪劫持，我经常能够意识到它，然后后退一步，防止情绪劫持爆发成一场灾难。在这种情况下，对自己一开始的反应真诚地道歉会快速让事态中立化。接下来，双方会更容易冷静下来，从而能更加高效、愉快地生活和工作。

　　罗马不是一天建成的，建立自我控制也非一日之功。只要你每次遇到"情绪劫持"都能够通过"设计"整合自己的习惯，就能前摄性地塑造出自己的情绪反应。最终，你会在一次次的修炼中变得更强，能够用精心武装的大脑迎接最严峻的情绪挑战。

习惯造就个人。

优秀不是一种行为，而是一种习惯。

——威尔·杜兰特

不要放弃

别搞错：试图改变你的情绪性行为绝非易事。很多时候，你需要和你长期养成的神经连接做斗争。即使有所进展，也很有可能会倒退几步。有时，你甚至怀疑自己是否真的有所进步。

事实上，我们谁都不能完美地控制自己的情绪。我们都会犯错误，但我们会继续努力下去。如果你告诉我谁是情商方面的"专家"，我会告诉你，即便是专家也会情绪失控，甚至在某些情况下因为被情绪所驾驭而做出错误的决定。

如果你将这些情感劫持作为案例去研究自己的行为，那么它们会成为宝贵的学习经历。注意识别出，哪些是刺激你进行回应的事件，哪些是导致前者发生的根深蒂固的习惯。发挥你的想象力来不断进行回顾和预演。寻找一些用好习惯取代坏习惯的方法。最后，不断练习。

通过这样做，你可以逐渐"重新编程"自己大脑的本能反应，并成功培养出保持情绪平衡所需的习惯。

Chapter

4

反馈的积极意义：
为什么要将反馈视为礼物

· · · · · ·

只有懂得批评的价值的人，才能从赞美中得益。

——海涅

托马斯·凯勒（Thomas Keller）小时候经常在他母亲开的棕榈滩餐厅后厨帮忙，这激发出他对烹饪的热爱，而这份热爱又激励他立志成为一名优秀的厨师。最终，在收获了无数赞美并赢得了诸多奖项之后，凯勒成为世界上技术最为精湛的厨师之一。

这也是为什么《纽约时报》著名餐厅评论家皮特·威尔斯（Pete Wells）对凯勒的Per Se餐厅纽约分店提出的犀利批评马上登上了新闻头条。威尔斯这样形容他在Per Se餐厅的三次用餐体验（2015年秋冬之间）："说好听点，是相当乏味；说不好听点，就是失望透顶。"①他的措辞犀利而不留情面，对试吃的菜品，他的用词包括"毫无特色""粗制滥造""味同嚼蜡"……

就在四年前，Per Se餐厅还被《纽约时报》评为"纽约最好的餐厅"。那么四年后，被同一家媒体这样严厉批评，身为完美主义者的顶级厨师凯勒是如何回应的呢？

凯勒的做法是，向大家道歉。

---

① Pete Wells, "At Thomas Keller's Per Se, Slips and Stumbles," *New York Times*, January 12, 2016.

凯勒发表了一则谦逊而激励人心的声明。凯勒表示，愿意为餐厅不尽如人意的表现承担责任，并承诺日后会进行认真的反省和改进。

"我们为自己始终秉承最高标准而自豪，但在此过程中我们确实犯了错。"凯勒在他的网站发布的声明中这样写道，"很抱歉让大家失望了。"①

几个月后，在接受《城里城外》（*Town & Country*）杂志专访时，凯勒表示，他没有将威尔斯的评论视为人身攻击。"也许我们确实有点自我满足、沾沾自喜。"他说，"从这件事情上我也意识到，作为一个团队，我们可能是有点过于骄傲、自我膨胀了。"②

威尔斯的批评见诸报端后不久，凯勒便马不停蹄地前往旗下的餐厅，同1029位职工见面，并当面做出了解释。凯勒说，挽回餐厅形象的唯一方法就是一次只准备一位客人的菜品。

在明星厨师被追捧和神话的今天，凯勒的回应无疑是一股清流。同时，凯勒的这番表态也充分折射出他身上被他的许多伙伴所认同的一种强大风骨，即让自己从负面反馈中受益。

---

① Thomas Keller, "To Our Guests," Thomas Keller Restaurant Group (website), accessed December 8, 2017, www.thomaskeller.com/messagetoourguests.

② Gabe Ulla, "Can Thomas Keller Turn Around Per Se?" *Town & Country*, October 2016.

为什么我们都需要反馈

也许你会认为，这不过是一种公关技巧罢了，但是在你下结论之前请认真思考一下，在现实中，做出这番表态需要多大的诚意和勇气——你必须收起你的光环，接受苛刻的批评反馈，低头向大众道歉。

格兰特·阿卡兹（Grant Achatz）是一位屡获殊荣的厨师，曾经在凯勒的加利福尼亚"法国衣坊"（French Laundry）餐厅工作过四年。他对凯勒应对事件的反应并不觉得奇怪，因为他认为，这种做事风格是刻在凯勒的基因里的。

"当这种事情发生的时候……他会立马用一种积极的方式去应对，努力让事情朝着好的方向发展。"阿卡兹说，"我们会想当然地认为，以他的身份，他一定会用一种傲慢轻视的态度去处理事情，事实恰恰相反。"

如果你和我一样，你会很快想起你对批评的反应不那么绅士的情况。

这不难理解。诚然，我们每个人都对自己的工作、信仰和观点存在情感依恋。当然，我们也可能会说，我们要不断地学习和提高自己，成为最好的自己。但是当有人告诉我们如何去做时，我们会变得紧张、敏感，甚至心烦。

如果你学会换一种方式看待批评，比如从对方的批评中看到有价值的意见呢？

我们可以将别人的批评反馈比作未经抛光的钻石。乍一看，新开采的宝石无异于普通的石头，没有任何吸引力，但经过漫长而复杂的分选、切割和抛光，其真正的价值变得显而易见。同样，从别人的批评中提取有价值的反馈也是一种宝贵的技能。

当然，你收到的反馈并不总是至关重要的。适时的恭维或奉承可能会让你心情愉悦，但如果不学会以正确的方式看待它，即使是真诚的赞美，将来也可能是有害的。

那么，如何最大程度地从别人的反馈中获益呢？

这是我们将在本章中回答的问题。我还会告诉你，别人的评论如何神不知鬼不觉地影响到你。然后，我将概述哪种类型的反馈最有益，并分享一些小建议，以确保你真正掌握这些内容。

反馈是最好的礼物

《亚马逊内幕：鼓励搏斗，适者生存》（"Inside Amazon: Wrestling Big Ideas in a Bruising Workplace."），这是2015年发表于《纽约时报》上的一篇饱受争议的文章题目。这篇文章将电子商务巨头亚马逊公司描述成一个将创新和公司业绩置于公司员工福祉之上的残忍雇主。

"亚马逊鼓励员工在会上撕咬彼此的观点和想法，鼓励员工长时间工作和加班……要求员工用'高得离谱'的标准要求自己。"[1]文章在开头说。根据作者的说法，在亚马逊，互相攻击很常见，为达到目的不择手段的行为也司空见惯。亚马逊前雇员和现任雇员都说，曾有部门经理对出现严重健康问题的雇员以及家里发生重大变故的雇员不管不问，异常冷漠。

"我看到，几乎每个与我一起工作过的人都在办公桌前哭泣过。"一位前雇员说。

这个故事迅速传播开来。亚马逊前员工分享他们在亚马逊工作期间的一些开心和难过的经历。（亚马逊在全球的雇员超过30万人。）这篇文章在《纽约时报》网站上获得了近6000条评论，甚至引发了亚马逊高级主管与《泰晤士报》执行编辑之间的公开辩论。[2]这场辩论在博客平台Medium上播出。

接下来，在媒体的狂热追踪和聚焦中，有一个人对此抨击的回应脱颖而出。

就在这篇文章发表的这个周末，亚马逊创始人兼首席执行官

---

① Jodi Kantor and David Streitfeld, "Inside Amazon: Wrestling Big Ideas in a Bruising Workplace," *New York Times*, August 16, 2015.

② Dean Baquet, "Dean Baquet Responds to Jay Carney's *Medium* Post," *Medium*, October 19, 2015, https://medium.com/@NYTimesComm/dean-baquetresponds-to-jay-carney-s-medium-post-6af794c7a7c6.

杰夫·贝索斯（Jeff Bezos）向亚马逊员工发送了一份备忘录。在备忘录中，他鼓励员工将《纽约时报》的那篇文章"仔细阅读一下"。

毫无疑问，这种毫不客气的诘责让人痛心。"我不认识这个亚马逊，我相信你们也跟我抱有同样的想法。"贝索斯在备忘录中告诉员工。他还说，这篇文章"（没有）描述一个我所熟知的亚马逊，真正的亚马逊是一个充满人文关怀的地方"。他让员工一旦发现类似文章所报道的事情的情况，马上上报。贝索斯甚至让员工通过电子邮件直接与他沟通。[①]

"即使这种事情在亚马逊极为少见或者只是孤立存在，我们也要将对这类缺乏关爱的事情的容忍度降为零。"贝索斯写道。

毫无疑问，贝索斯在思考如何应对这场突如其来的危机时感受到了情绪的影响。尽管如此，他还是将负面反馈作为催化剂来重新评估公司目前的情况，并传达他对这些指控的认真态度。

那么，这个受到广泛关注的呼吁是否有任何结果？2016年，该公司宣布，将对员工的评价体系做出深刻改变。在一份官方声明中，新流程被描述为"从根本上进行了简化"，重视对员工优

[①] John Cook, "Full Memo: Jeff Bezos Responds to Brutal NYT Story, Says It Doesn't Represent the Amazon He Leads," GeekWire, August 16, 2015, www.geekwire.com/2015/full-memo-jeff-bezos-responds-tocutting-nyt-expose-says-tolerance-for-lack-of-empathy-needsto-be-zero.

势的培养，不再关注如何消除员工在工作上的不足。①

贝索斯的备忘录就像托马斯·凯勒最初面对苛责时的反应一样生动说明了，将批评视为学习机会，会让我们获得合法利益。

这种类型的反应并不常见——这也很容易理解。

我们都为工作付出了巨大的努力，其中包含了我们的汗水、泪水甚至血水。因此，当其他人贬低这种努力时，我们会感受到一定程度的痛苦是很自然的。此外，我们的信仰、信念和价值观使我们每个人都成为独一无二的个体，获得独一无二的身份。因此，攻击以上这些，在常人看来无异于攻击其本人。

当这些批评来自朋友、配偶或其他家庭成员时，情况会变得更糟。"他们怎么可以这样对我，"你常常会这样问自己，"他们应该站在我这边！"

事情就是这样：没有人一直都是对的。你需要别人指出你的缺点和不足，这样你才能不断进步。

不幸的是，我们收到的许多批评都是通过我们并不乐意接受的方式传递给我们的。有时候，批评完全不讲道理，甚至在许多方面都是错误的。即使批评毫无建设性，也应该被视为礼物，因

---

① Taylor Soper, "Amazon to 'Radically' Simplify Employee Reviews, Changing Controversial Program amid Huge Growth," GeekWire, November 14, 2016, www.geekwire.com/2016/amazon-radicallysimplify-employee-reviews-changing-controversial-program-amid-huge-growth.

为大多数批评根植于一些真理，这意味着你可以从中汲取一些有益的洞见用于自我提升。

退一步说，即使批评大错特错，它仍然非常有价值，因为它可以帮助你了解他人的视角，了解别人眼中不一样的世界。站在对方的角度和理论视角思考问题甚至可以帮助你注意自己的思维过程，完善自己的信念和价值观。

通过将负面反馈视为学习机会，你将可以：

·确认你的想法的有效性，并为面对将来的类似批评做好准备。

·做好准备，将自己的信息有效传递给视角不同的人。

·更好地识别你的目标受众。

·适当时改变自己并学着适应。

当然，我并不是给那些伤人、轻率的批评找借口。如果你需要传递负面反馈，注重尊重和策略不仅能体现你的善意，更能带来意想不到的结果。（后文会详细介绍。）

如果你是接受批评的一方，那么就不要有这种奢望了。请记住，意见反馈就像新开采出的钻石，它可能看起来不漂亮，但它具有巨大的价值潜力。现在就是你对它进行切割和打磨的时候了，然后从中获得好处，进而获得成长。

将负面变为正面

如果想从负面反馈中受益，有一点需要牢记：任何你认为威胁你的东西都会让你的杏仁核绕过正常的决策过程行动起来。这种规避以多种方式表现出来：你可能会紧张，并不再聆听对方。或者，你开始辩驳，试图证明自己所说或所做的是合理的。你甚至可能对问题视而不见，或将责任推卸给其他人。

这些行为对任何人都没有好处。那么，你如何防止你的情绪出现这种情况呢？

关键的一点是训练自己不要将批评视为人身攻击，而是视为学习机会。

试着这样做

每当你收到负面反馈时，请专注于回答这两个问题：

· 抛开个人感受，我可以从对方的视角中学到什么？

· 我如何使用此反馈来帮助自己做出改进？

通过考虑这些问题，你可以将时间和精力转化为富有成效的自我训练。实际上，你是将潜在的负面情况变成了积极的体验——一个学习和完善自己的机会。

当然，一开始这并不容易。你对批评的自然回应很可能是一种本能反应，一种多年来形成的习惯，但是如果你花时间回答这些问题，即使是在收到反馈仅几个小时后，你仍然可以学着用一种不同的方式去面对负面反馈。如果你能够坚持这样做，你会发现，你对批评的自然反应在逐渐改变。

我是好不容易才认识到这一点的。多年前，我在任某领导职务期间，经历了一场令我终身难忘的沟通。当时，我手下一名叫大卫的下属犯了一个很严重的错误，我严厉训斥了他。我的理由是充分的，但现在我觉得，当时可以用一种更能让人接受的方式去表达我对他的意见和不满。

大卫对此的回应简单而粗暴："你知道吗，你就是我们最讨厌的那种经理。"

当然，大卫本可以用更有技巧的方式传达他的不满和抱怨，但纠结这个并没有什么用；无论如何，大卫的观点是有价值的。我对他的这句话印象颇深，于是我问他为什么这么说，而他的回答诚实而坦诚，我受益颇深。经历了这件事，我成了一个更好的领导者，大卫也改变了对我的看法——我并不是他想的那种人。

需要注意，不要过分陷在负面反馈里。

因为这样做可能使你不知所措、止步不前或被反对者的批评打垮，甚至让你想要放弃。沉溺于负面反馈可能会让你丧失自己的判断力，偏离自己的重心和价值观。或者，你可能会因沉溺于试图证明别人错了而忽略了自己的优势，把时间和精力浪费在试图成为别人眼中的自己身上。

当其他人指出你的潜在盲区时，你就应该树立学习并继续前进这一目标。请记住一点：你从其他人那里获得的大多数反馈是主观的。此外，在你的自尊受到伤害的时候，你应该更多地关注当下正在做的事情，而非自己的不足之处。

最后，在某些情况下，你应该对别人的批评置之不理。如果你确定有人试图通过指责和批评的方式去伤害你或破坏你的自我价值感，千万不要理会。我们应该做的是向那些关心你的人和值得你信赖的人寻求反馈。

客观看待赞美

在接受批评时，控制好自己的情绪很重要。那么，当你受到赞美时呢？

给予他人真诚、具体的赞美有很多好处，我们将在后面的章节中详细讨论。赞美会帮助你发现自己的优势，建立起自尊和自信，为你提供不断前进的动力。

然而，也可以说，过多的赞美是有潜在危险的。褒扬之辞可能会让你飘飘然，让你对自己估计过高，从而变得鲁莽、自负甚至傲慢。你逐渐会有一种高人一等、唯我独尊的感觉。①

你还应该考虑，你所接收的所有奉承是真诚的还是别有用心的。赞美可能是出于表达欣赏的真诚愿望，而奉承往往出于自私的动机。"最常见的情绪操纵形式往往是以奉承为外衣进行包装，这也是最危险的。"领导力顾问迈克·米亚特（Mike Myatt）在他的畅销书《黑客领导》（Hacking Leadership）中写道，"俗话说：'拍马让你四通八达。'那些居心不良的人不但相信这句话，而且会照着做。那些懒惰的人、权力欲望很强的人、贪婪的人、想不劳而获的人、精神病患者和反社会的人都明白，奉承绝不是什么好事；而那些算命者相信，奉承可以影响他人，滋生腐败，引起破坏和导致欺骗……以奉承为形式的情绪操纵是攻击的一种隐秘形式。"②

所以，要警惕那些溜须拍马、阿谀奉承之人。相反，要感谢那些通过赞美你来帮你认识自己的优势并树立自信的人，把赞美作为努力工作和持续改进的动力。同时，请记住，你拥有的每一种能力、技能或才能都是你从别人那里得到的；记住这一点，你

---

① 例如，2015年，荷兰研究人员发表的一项报告显示，被父母过度称赞的孩子相对于其他孩子而言更加自恋。"自尊心强的人认为，他们和其他人一样好，而自恋者则认为，他们比其他人更好。"该研究的合作参与者、俄亥俄州立大学传播与心理学教授布拉德·布什曼说。

② Mike Myatt, *Hacking Leadership: The 11 Gaps Every Business Needs to Close and the Secrets to Closing Them Quickly* (Hoboken, NJ: Wiley, 2013).

喜欢被人奉承的人自然有溜须拍马之人围绕左右。

——威廉·莎士比亚，《雅典的泰门》

才会脚踏实地、谦虚谨慎，避免自我膨胀并最终陷于困境。

如何获得所需的反馈

　　"我意识到，我需要反馈来助我成长，"你说，"但如果没有人给我反馈呢？"

　　有很多原因导致我们很难得到有价值的反馈。在工作中，你的老板或同事可能不会重视这样的反馈和交流，或者他们会觉得这个想法令人生畏，担心对方的反应。如果你是老板，你的团队可能会担心，如果给你负面的反馈，会有什么不好的后果。

　　在家里，缺乏反馈可能会逐渐破坏家人之间的关系。许多家庭成员之间缺乏这种急需的沟通，他们花费大量时间看书、看电视、玩手机游戏。尽管彼此挨得很近，心却离得很远。

有一种简单的方法可以让你获得你需要的反馈：主动询问。

事实上，很少有人真正这么做。例如，上一次你问自己的伴侣、孩子或者同事，他们欣赏你什么，是什么时候的事了？或者是问他们你在哪些方面还需要进一步改进。问这些问题当然需要勇气……你可以想象一下，听到答案后你会做些什么。

当你定期寻求反馈时，其他人会更倾向于告诉你他们的真实想法，从而增加你学习和自我提高的机会。还有一个隐藏的好处：人们倾向于高度评价那些虚心请别人指出自己不足的人。

"那些虚心请求别人给自己提意见或建议的人往往更加重视别人的反馈，能够认真地进行反思和改进。"希拉·汉（Sheila Heen）和道格拉斯·斯通（Douglas Stone）在《感谢反馈：接收反馈的科学与艺术》（*Thanks for the Feedback: The Science and Art of Receiving Feedback Well*）一书中说："通过让别人给你提出意见反馈，你不仅可以了解到别人对你的看法，无形中也通过自己的行动影响了此人对你的看法。征求建设性的批评一气呵成地传达出谦卑、尊重、追求卓越和信心。"[1]

当然，沟通是双向的。你不仅要告诉对方你尚未达到的目标，也需要告诉对方，你欣赏他们身上的哪些优点。（关于如何

---

[1] Sheila Heen and Douglas Stone, "Find the Coaching in Criticism," *Harvard Business Review*, January/February 2014, https://hbr.org/2014/01/find-the-coaching-in-criticism.

有效传达负面反馈详见第七章。）

　　就是这么简单？要得到有用、有效的反馈，只要要求别人给予反馈就可以了吗？

　　虽然直接向对方询问反馈可以让你获益多多，但这也需要一些策略。

试着这样做 ─────────────────────────

　　汉和斯通都建议，当你询问别人对你的反馈时，避免含混不清、模棱两可。避免问这样的问题："你对我有什么意见或者建议吗？"而应将问题聚焦在具体方面。例如，在工作中，你可以这样询问你的同事、老板或直接下属："你觉得在工作中，我的哪些行为和做法阻碍了我的进步？"[1]

　　"那么对方可能会告诉你他第一时间想到的你的某种行为或者他认为的最重要的事。"作者写道，"无论对方采用哪种方式，你都会得到具体的反馈，并可以按照自己的节奏梳理出更多具体的细节。"

　　在家里，你可以询问你的伴侣或其他家庭成员："你觉得我在哪些方面还需要改进，来让我们的关系更和谐，比如说改掉一个不

───────────────

[1] 在一次采访中，汉建议使用类似的技巧来帮助我们在特定情况下请求对方给予反馈。例如，我们可以问："我的会议发言或演讲发言中有哪些地方需要进一步改进？"

好的习惯，或者说哪些事情可以处理得更好。"

这种类型的问题一开始可能会让人感到惊讶，所以给对方一些时间，让他们好好考虑一下，然后再告诉你。当然，你也必须做好准备去面对或者接受他们的反馈和建议。你是寻求建议和反馈的一方，你要时时刻刻记住自己的目标：通过别人的建议和反馈提高自己，或改善同别人的关系。

一个大的机构或组织如何从反馈中受益

所有公司都表示，他们重视透明度和忠诚度，但大多数人在撒谎。

很难找到一个真正透明——鼓励所有员工坦诚沟通的公司。在大多数公司或机构中，你会发现一张复杂的办公室政治关系网。员工很难接触到管理层或者团队领导层，那些想要对公司提出意见或者建议的员工担心自己会因直言敢谏而遭到排斥、降级甚至解雇。

如果你位居要职，你可以通过以下两步法在你的公司或者机构中建立起真正的透明度。

1. 建立奖励机制

鼓励员工提出反对意见和观点，而不要建立"回音室"，鼓

励趋同思维。然后，对他们的做法给予奖励。一些公司鼓励通过
"建议箱"（发送电子邮件或递交纸质信件）提交改进意见，然
后给予那些意见被采纳和实施的员工现金或其他形式的奖励。

2. 专注于内容，而不是形式

如果你是建议和反馈的接收者，请不要浪费时间去在意传达
形式。

一个公司的老雇员辞职时，将一封内容为表达对公司种种不
满的离职恳谈邮件群发给了公司的每一位员工。公司董事长严厉
批评了这个雇员，后来发表声明说："我希望大家以后用更具有
建设性的方式提出自己的建议或意见，这样我会更容易接受大家
的建议，并认真进行思考和反省。我是否应该与大家更经常地交
流？我觉得这的确是我应该去做的。"①

请记住，即使负面反馈没有依据，它依然是你了解别人视角
的窗口。

因此，如果你是经理或主管，请鼓励每位员工分享他们的想
法，就如同今天就是他们工作的最后一天一样。

---

① Peter Holley, "He Was Minutes from Retirement," *Washington Post*, December 12,
2016, www.washingtonpost.com/news/on-leadership/wp/2016/12/12/he-was-minutes-
from-retirement-but-firsthe-blasted-his-bosses-in-a-company-wide-email.

找到你的宝石

没有人喜欢被别人指出他错了，但正如发现未经抛光的钻石的美丽需要技巧和洞察力一样，你必须透过他人评价的表面看到其真正的价值。

外部反馈可以让你换一个角度看自己，并让自己的盲点暴露出来。它可以帮助你更加客观地看待自己——帮助你了解自己的优势，从而使你能够最大程度地发挥它们，同时帮助你看到自身的不足，以便正视和处理它们。

正如华特·迪士尼（Walt Disney）所说："当被别人批评指责时，很多人都不会想到，受点打击未必是坏事。"

反馈对于任何人、任何机构都必不可少，这就是世界上最成功的企业都会从外部引进咨询师，科学家都会将自己的研究报告提交给同行进行评价和审议，像托马斯·凯勒这样的世界级厨师也会如此关注别人的评论，即使是世界上最有才华的运动员也需要教练指导的原因。

有效处理反馈的能力至关重要，因为它可以帮你拓展视野，并从他人的经验中有所收益。无关性别和年龄，无论你是他人的伴侣还是父母，也无论你是公司首席执行官还是刚入职的员工，都应该有正确对待反馈和处理反馈的智慧和能力。

所以，当有人愿意分享他们的想法时，请将其视为最好的礼物，认真对待它、思考它、接受它、消化它。无论它是消极的还是积极的，都不要让反馈定义你。尽你所能，继续前进。

请记住：尽管我们喜欢和志同道合的人在一起，但真正帮助我们成长的是那些与我们"作对"的人，是那些不留情面指出我们错误和缺点的人。恰恰是这些处处为难我们的人让我们变得更好。

5

共情的本质：

好的、坏的以及被误解的共情力量

· · · · · ·

在你能站在某人的立场上了解这个人之前，不要轻易对他下结论。

——佚名

2008年，我正计划和我身在德国的未婚妻结为连理。当时，我已经在纽约的一个非营利组织工作了十年。我非常喜欢这份工作，而且一个新职位也在考虑我。一切看起来都那么美好。

　　正当我和未婚妻一起开始规划我们的新生活时，情况发生了变化。由于机构重组，我所在的办公室需要裁减人员，我的工作也变得岌岌可危，未婚妻开始和我认真考虑我搬到德国的问题。最后，我们一致决定，如果我顺利渡过下一轮裁员，她就搬到纽约来，但如果被裁，我就搬到德国去。

　　而我被告知，四到六周后会接到最终结果的通知信。

　　六周过去了。然后是第七周。

　　第八周。

　　第九周……

　　我不知道自己还能坚持多久，我甚至已不在乎自己是否真的被炒了鱿鱼。我只想知道事情的进展。我打电话给人力资源部，想尽办法打听最新消息，依旧一无所获。

　　我决定换个策略。

　　于是，我直接给人事主管皮尔斯先生写了一封电子邮件——他也是执行委员会成员。我的电子邮件真诚而坦率。在邮件中，我解释了我的处境，并告诉他我打算几天后去德国看望未婚妻。我还描述了和未婚妻一起拆开信件的美好场景。

那时，整个机构大约有6000名员工，我也从未与皮尔斯先生谋过面，因此我明白，我的邮件很有可能会石沉大海。

没想到，在经历了人生中最漫长的两个半月后，我只等了不到两天就收到了回信。

发完邮件的第二天，我便登上了飞往德国的飞机。之后，不到半天时间，我便收到皮尔斯先生的回复。我和未婚妻一起拆开了信。

然后我对未婚妻说："你会爱上纽约的。"

渴望容易，做到难

多年前，当皮尔斯先生读这封电子邮件时，他不仅看到了一个普通基层员工的诉求，还从字里行间体会到下属的深切忧虑和真实感受。这个问题对我来说非常重要，所以对他也很重要。

这个例子有助于我们理解什么是"共情"——从另一个人的角度看待和感受事物的能力。

我们经常听人说，世界需要更多"共情"。毫无疑问，你在生活中也经常见到类似的情况：上级不理解下属的难处和付出的努力，反过来，下属也不理解经理的想法；丈夫不理解妻子，妻子不理解丈夫；从青少年时期走过来的父母如今却不理解处在青少年时期的孩子，而青少年也总看不到父母有多关心他们。

网络上也是如此。随便在哪个新闻下面看一下网民的跟帖评论，你会发现，总有一些人在网络上对从未谋面的人进行言语上的攻击。这不仅是意见分歧这么简单，其中包含了一连串侮辱、辱骂甚至威胁性话语。

我们都希望别人能从我们的角度看待问题，那么为什么我们自己做到这一点却如此困难呢？

在本章中，你将了解到，为什么共情经常被误读，以及在培养共情能力的过程中可能会遇到的挑战。我们将仔细研究共情在日常生活中如何帮助你，又是如何伤害你的。最后，我们将一步步帮你建立适当的共情以加强人际关系，提高工作效能。

什么（不）是共情

在英语中，"empathy"（共情）这个词一个世纪以前才出现，但其概念能追溯到更久之前。[①]

生活在两千五百多年前的中国哲学家孔子教导人们"己之不欲，勿施于人"。数百年后，公元1世纪，基督教徒被《新约》教导要"与喜乐的人要同乐；与哀哭的人要同哭，还要与受苦的人一起受苦"。

今天，不同的人对"共情"有不同的定义，但这些定义都在这一点上达成了基本共识：共情是理解和对他人的想法或感受感同身受的能力。

要感受并表现出共情，没有必要和别人有共同的经历。共情指的是通过了解对方的立场和角度来更好地理解对方的心理活动。

心理学家丹尼尔·戈尔曼和保罗·艾克曼（Paul Ekman）将共情的概念分解为以下三类。[②]

认知共情（cognitive empathy）

是理解他人感受和想法的能力。认知共情可以使我们更好地

[①] Susan Lanzoni, "A Short History of Empathy," *Atlantic*, October 15, 2015, www. theatlantic.com/health/archive/2015/10/a-short-history-of-empathy/409912.

[②] Daniel Goleman, "Three Kinds of Empathy," Daniel Goleman (website), June 12, 2007, www.danielgoleman.info/three-kinds-of-empathy-cognitiveemotional-compassionate.

沟通，因为它有助于我们最有效地向他人传递信息。

情绪共情（emotional empathy）

它是一种对他人的感受感同身受的能力。有些人将其描述为"痛在我心"。这种共情可以帮助你与他人建立情感联系。

同情共情（compassionate empathy）

也称为"共情关怀"（empathic concern）。它不仅是一种理解他人并对他人的感受感同身受的心理活动，它还促使我们采取行动，尽我们所能帮助他人。

为了说明这三个共情分支如何协同工作，我们假设一位朋友的至亲最近去世了，你的自然反应可能是同情、怜悯或悲伤。同情心可能会驱使你向朋友表达慰问或寄卡片表达哀思，你的朋友也会对你的做法表示感谢。

而共情需要你花更多的时间和精力。它始于认知共情——想象这个人正在经历什么：他失去了谁？他们的关系有多亲密？除了痛苦和失落，他的生活还会发生什么变化？

情绪共情不仅帮你理解你朋友的感受，还能让你对这些感受感同身受。你会试图联系自己的类似经历去体会对方深深的悲伤和情感痛苦。你可能会记起你失去亲人时的感受，或者想象，如果你没有过那种经历，你会有什么感受。

最后，同情共情促使你采取行动。你会给朋友送饭，这样他就不会为做饭而担心。你会帮朋友接打一些电话或者做一些家务。或者，你会赶到他身边陪他。如果他需要独自处理事情，你你的痛，痛在我心。

会帮他接送和照看孩子。

这只是共情运作的一个例子。我们每天都有机会培养共情能力。事实上，你与他人的每一次交流，都让你有机会从不同的角度看问题，感受他人的感受，为他们提供力所能及的帮助。

建立认知共情

学习从他人的角度思考和感受并不容易。我们很容易误解他人的肢体动作和表情——一个微笑既可以是开心或兴奋的显现，也可能是悲伤的流露，又或者蕴含的是其他情绪。建立认知共情是一种做出有根据的推断的过程，接下来的练习会帮助你训练这种能力。

在日常生活中，我们不断与他人接触和互动——工作的时候、在家的时候、购物的时候或者出差的时候。在与他人交往之前，请考虑一下你对他的态度和观点了解多少。然后，问问自己：

- 他多大？他的家庭情况如何？

- 他在哪里长大？他的背景是什么？

- 他的职业是什么？

- 他的健康状况如何？

- 谁是他的朋友？他钦佩的人是谁？他的目标、愿望和渴望是什么？

- 他对你正在讨论的话题了解多少？

- 他对这个话题的哪方面不甚知晓？他对这个话题怎么看？

- 站在他的立场上我会怎么看？

- 他对此话题的看法和感受和我的会有什么不同？

- 他会如何回应我说的话？

无论你如何有效地回答这些问题，你对他人的情绪、行为或思考的理解都会受到你以前经历的影响，因此你需要意识到，你的第一感觉可能是错的。这也是为什么在与他人交流后，花时间考虑以下问题来思考你的互动经历很重要：

- 事情进展顺利吗？为什么顺利或者为什么不顺利？

- 他的反应中哪些部分如我所料？哪些部分让我感到惊讶？

- 他喜欢或不喜欢什么？

- 我对对方有了哪些了解？

思考对方提供的任何类型的反馈（书面的、口头的、肢体的），以帮助自己从反馈中学到更多。这样做不仅可以帮助你更好地了解他人和其个性，还可以帮助你了解他如何看待你的想法和沟通风格。

共情障碍

我们渴望每一个和我们有交往的人都考虑到我们的角度和感受，但为什么我们通常对别人做不到这一点呢？首先，理解别人如何感受以及为什么会这样感受会耗费时间和精力。坦率地说，我们不愿意为太多人投入自己的时间和精力。

即使我们有动力进行共情——事实上，即使我们认为我们正在共情——我们为此所做的想象也可能不像我们之前设想的那样清晰。

组织心理学家亚当·格兰特（Adam Grant）在畅销书《平等交换》（*Give and Take*）①中引用了一项由西北大学心理学家罗兰·诺格伦（Loran Nordgren）领导的实验。实验要求受测者预测，坐在冷冻室内五个小时会有多痛苦。第一组受测者把手臂放在一桶温水中做出预测，第二组受测者把手臂放在一桶冰水中做出预测。

正如你可能猜到的那样，把手臂放在冰水中的受测者预测的痛苦程度最高。

还有第三组。他们也将一只手臂放到一桶冰水中，然后把手臂从水里拿出来，等待十分钟，再预测坐在冷冻室里会有多痛苦。

---

① Adam Grant, *Give and Take: Why Helping Others Drives Our Success* (New York: Penguin Books, 2014).

结果呢？他们的预测与温水组的预测相同。

第三组在十分钟前刚刚体会了冰冻的滋味，可一旦不再感受到那种痛苦，就把那种感觉忘记了。

心理学家将此称为"共情或角度差距"（empathy or perspective gap）。格兰特解释说："当我们没有处在某种心理或身体上的紧张状态时，我们就会大大低估它将带来的实际影响。"

角度差距解释了为什么医生总是低估患者的疼痛程度，以及为什么我们总是很难真切体会到家人的感受。我们总会依据我们目前所处的状态对自己的行为和偏好做出错误的判断，所以尽管有过类似的经历，但多年后回忆起来，我们会觉得那时候并没有那么难。

心理学家和行为经济学家乔治·勒文施泰因（George Loewenstein）研究角度差距多年。他指出了角度差距对我们的另一种影响：夸大我们的意志力。"我们在对待自己的恶习的时候，总是短视而冲动，并会做出荒唐的举动来迁就自己的恶习，"勒文施泰因在接受采访时说，"但当我们看到其他人屈服于自己的恶习时，我们会想'这多么可悲'。"[1]

不久前，发生在我自己身上的一件事让我对此有了深刻的感触。

多年来，我的妻子养成了一个让我很头疼的习惯：她总是在

---

[1] Shankar Vedantam, "Hot and Cold Emotions Make Us Poor Judges," *Washington Post*, August 6, 2007.

把厨房垃圾桶里装满垃圾的垃圾袋扔了之后忘记换上新的。我实在不喜欢看到垃圾桶里没有装上垃圾袋就被放了一堆垃圾。无论我怎样恳求她下次注意都无济于事。她总是有不同的借口：孩子们让她分心了、着急出门，等等。

她怎么这么不顾及别人的感受呢？我这样想。她怎么一点都不在意我的感受？我的感受对她来说不重要吗？我真的无法理解。

突然有一天，我想明白了。

我的妻子同样无法忍受我每次吃完饭都忘记把盘子拿回厨房。多年来，她无数次让我吃完饭后把盘子拿到厨房去，我当然不会忘记。我通常会跟她保证说，我"一会儿"就拿回去。

一天晚上，吃完晚饭一个小时后，我回到餐厅拿东西。餐厅被收拾得干干净净，除了桌子上摆着的一个脏盘子。

那一瞬间我突然意识到：就像妻子忘记换垃圾袋一样，我也总忘记收盘子。

我向妻子道歉，并承诺一定改掉这个毛病。我把这件事当成头等大事，妻子也看在眼里。和我一样，她也开始改变自己。是的，从那以后，她也开始记着更换垃圾袋了。

你可能认为这个例子微不足道，但其中的道理所覆盖的，远远超出家庭琐事的范畴。

学会识别出角度差距很重要，因为当家庭或工作场所中缺乏"将心比心的换位思考"时，人际关系就会恶化。双方都在想：真见鬼，怎么会有人这样想或这样做？人们总是盯着别人的失误不放，而不是找到一种互相理解的方式。其结果便是双方精神和情感上的对峙，问题得不到解决，矛盾似乎也不可调和。

如果一方主动向对方展示"共情"，便可以打破这种僵局。

当一个人感到被理解时，作为回报，他会更愿意尝试和努力理解对方。随着时间的推移，这种类型的交流会逐渐让双方建立起一种相互信任的关系，在这种关系中，双方都愿意相信对方，对一些小的过失也可以彼此谅解。

归根结底，就是一个问题：如何站在别人的立场上看问题？

要做到这一点，你必须努力意识到，自己的看法和观点是带有偏见和个人立场的。你仍然可以利用自己的经验，但你必须看得更远。

试着这样做 ———————————————————————————

当你努力以他人的角度看问题时，记住以下内容：

·你并非能看到事情的全貌。在任何特定的时候，一个人总是要面对各种各样的因素，而这些因素中有很多是我们无法预料到的。

·你对某种情况的思考和感受方式可能会受到各种因素（包括你当时的情绪）的影响，因此会此一时彼一时。

·在情绪紧张的情况下，你的表现可能与你想象的有很大不同。

———————————————————————————————————

记住这些会影响你看待一个人的方式，也会影响你与他的相处模式。而且，既然我们每个人都会在某一时刻经历一番苦痛，那么你需要他人对你的共情只是时间问题。

更进一步

学会弥合角度差距，理解他人的经历，对于培养认知共情即理解他人的想法和感受的能力非常重要。

要实现情绪共情则需要更进一步。情绪共情的目标是感知对方的感受，从而形成更深层次的情感联系。

例如，雷是一家小企业的老板。最近，办公室经理维拉告诉雷，她感到压力很大。除了完成分内的工作，她还要完成一名休长假的重要员工的任务。她将日常工作状态形容为"残酷无情"。

当听到维拉这么说时，雷最初感到很失望。在雇用维拉之前，他自己管理办公室，所以他知道这有多难，但尽管他面对的困难比维拉多，他还是坚持下来了，更何况，他受煎熬的时间更长。

"她没有什么可抱怨的，"雷对自己说，"她为什么就不能克服一下呢？"

在这种情况下，雷可能遇到了"角度差距"，但事实并不一定如此，可能就是维拉无法达到雷的期望——至少在当前情况下是这样。

然而，即使在这种情况下，雷也可以利用"情绪共情"——关注维拉的感受而非她的表面情况。

　　维拉说她感到不堪重负，那么雷可以问自己，是否也感到过不堪重负。

　　他记得，有段时间公司展开新业务，所以他不得不手忙脚乱地应付其他很多工作：接听客户电话、记账、跟进逾期付款。这使他的身体和精神都达到了极限。

　　通过反思，雷在自己身上找到了维拉的那种被工作吞没的感觉。现在，在他眼中，维拉不再是一个抱怨者，而是一个竭力想把工作做好，但又急需别人理解和帮助的人。

　　这反过来推动雷去"同情共情"，想办法帮助维拉渡过难关。他可以直接问维拉是否需要什么建议，以帮助她更好地应对困境；他也可以将维拉的工作分出一部分给其他员工；他甚至可以提出让她休息一天放松一下。这样，维拉既可以从雷的建议中受益，也可以在他的真诚帮助下受到鼓励，从而更有动力去应对困难。

　　当然，并非每个雇主或经理都有机会用这种方式帮助自己的员工，但是当我们努力去设身处地地体会别人的感受时，我们就会不自觉地尽自己所能帮助他人。

　　情绪共情在日常生活中非常有价值，因为它可以让你摆脱客观环境的约束来体会他人的感受。它可以帮助你了解有着不同背景和文化的人，也可以帮助你超越个人体验去了解那些罹患疾病或残疾的人的感受。

那么，怎样培养情绪共情呢？

试着这样做 ─────────────────────────────

当一个人跟你讲述他的奋斗历程时，请仔细聆听。不要着急对别人或者别人的处境做出判断，不要打断别人而去讲述你自己的经历，也不要随意提出解决方案。相反，要专注于理解他人的感受，以及为什么他会有这样的感受。

请记住，个人经历差异很大，伴随这些经历而产生的情绪也是如此。

出于这些原因，请避免使用以下语句：

·我完全理解你的感受。

·我以前也经历过。

·我完全明白；好的，我知道了。

可以用以下语句替换它们：

·发生这样的事情我很抱歉。

·我能想象得到你的感受。

·感谢你跟我分享这些。我们可以多聊聊吗？

分享情绪并不容易，所以要感谢对方的坦诚，让对方感到踏实和安全。你可以根据这个人的情况来鼓励他进一步表达自己，使用诸如"你有这种感觉多久了？"或"你以前遇到过这种情况吗？"之类的问题。注意不要强迫对方，以免让对方感觉自己在接受讯问。

最重要的是，通过言语和行动让他放心：你站在他这一边。

接下来，花时间反思很重要。一旦你更好地理解了这个人的感受，就必须找到与对方情绪共情的方法。

试着这样做 ————————————————————————

问问你自己："我是否也有过相似的经历和感受？"

亨德里·韦辛格博士是畅销书《工作中的情商》（*Emotional Intelligence at Work*）的作者。他既是我的朋友，也是我的同事。在一次我跟他的对话中，他为这一点做了很好的示范：

"如果一个人说'我搞砸了一次演示'，我不会去想我之前搞砸过的一次我并不在乎的演示。相反，我会去想我搞砸过的一次对我很重要的测试或者其他事情。重要的是去回想类似的失败的感觉，而不是类似的事件。"

即使对方不愿意（或无法）跟你分享他的感受，你的想象力也可以帮助你协调你们的关系。

例如，考虑一下，当你生病、承受极大压力或处理个人问题的时候，你的行为或沟通风格会发生哪些变化。你在应对这些情况时，有什么样的感受？明白他人遇到这些情况时很有可能会有相似的感受，可以帮助你获得耐心去更好地处理困境。

当然，你永远无法完全理解别人的感受，但这些尝试会让你更好地理解他人。

一旦你找到感同身受的方式，并对他人的情况有了更全面的了解，你就会进入"同情共情"这一阶段。在这个阶段，你会采取行动，尽你所能帮助别人。

试着这样做 —————————————————————————————————

首先，直接问对方，你可以为他做些什么。如果他无法（或不愿意）表达想法，问问自己："当我有类似感受时，是什么帮助了我？或者：当初怎样做可以帮助到我？"

分享你的经验或提出建议固然很好，但要避免给人一种你是过来人，什么都能搞定的印象。相反，找出过去帮助到你的东西，并将它作为一个可加以改造利用的解决问题的选项，而非一个万能钥匙似的解决方案提供给对方。

请记住，对你或者其他人有用的解决方案可能对这个人不起作用，但不要因此而放弃对他人提供帮助。尽你所能帮助别人就是了。

共情的负面影响

表现出共情固然能带来诸多好处，但看到其局限性和危险性也很重要。由于共情来自我们的情绪体验，而强烈的情绪往往是短暂的，因此完全依赖共情进行决策会带来灾难性的后果。

保罗·布卢姆（Paul Bloom）是心理学家和耶鲁大学的教授，也是《反对共情》（*Against Empathy*）一书的作者。布卢姆认为，共情易于让人们忽略他们的行为所造成的长期后果。[①]这一点可以从政府利用人们的共情心理看出——政府利用人们对受害者遭遇的同情劝说其民众支持战争，但很少提到战争将会夺去多少条生命，以及战争将会造成多少新的问题。

还有一种共情造成伤害的方式。你可能会真诚地感受另一个人的痛苦，但如果你没有准备好或愿意以他真正需要的方式帮助他，你可能会采取"快速解决方案"或"轻松解决方案"。虽然这些行为可能会使你自己的情绪得到缓和，但它们并没有真正解决问题。事实上，它们可能会让事情变得更糟。

看看我的朋友妮可第一次去印度旅行时的经历。

妮可走在街上，欣赏着美丽的建筑，并爱上了那些友好和微笑着的人。当她注意到许多人生活贫困时，也忍不住感到强烈的

---

① Paul Bloom, *Against Empathy: The Case for Rational Compassion* (New York: Ecco, 2016).

情感痛苦。

突然，一个小男孩走上前，向她伸出一只手。她觉得他很可怜，便给了他几枚硬币。

这时，一个年长的男人不知从哪儿冒了出来，朝她歇斯底里地大喊大叫，手里挥着一根木棒，还带头不停地辱骂她。妮可立刻害怕地跳了起来，拼命逃离了那个男人。等她到了安全的地方，她便问自己，为什么那个男人如此生气。

其他人给她翻译了那个男人的话："他说你不应该给那个小男孩钱。这个小男孩聪明、年轻、强壮，他本可以努力用自己的双手创造美好的生活，但你的施舍让他失去了这么做的动力，而教他靠救济生活。"

这次经历给妮可上了深刻的一课。在共情的影响下，她想帮助那个小男孩。她想，如果她的处境和这个小男孩一样，别人施舍她一些钱财的话，她一定很感激。经过认真的反思，她觉得那个男人也许是对的。她开始怀疑，她的施舍是否真的可以帮助小男孩摆脱贫困。

对他人的想法和感受感同身受还有另一个潜在的缺点：这样做会透支心力。与耶鲁大学情商中心合作的研究人员罗宾·斯特恩博士（Dr. Robin Stern）和黛安娜·迪维迦博士（Dr. Diana Divecha）将此描述为"共情陷阱"。

他们写道："共情要求我们在不牺牲自己需求的前提下关注他人的需求。将共情变成危险行为的是它的受益者会发现这种关注有利可图……站在别人的立场上的同时，必须在情感与理智、自我与他人之间取得平衡，否则共情会成为陷阱，我们会感觉自己好像被别人的感受绑架了。"

没认识到这一事实很容易导致身心疲惫。

例如，许多研究发现，护理绝症患者的护士特别容易产生同情疲劳，该心理被定义为"在照顾身心受到严重损害的患者时出现的身体、情感和精神上的多重损耗"。共情使他们更多地关注患者的需求而不是他们自己的需求，这实际上使他们走上了同情倦怠的道路。[1]

当然，并非只有护士或陪护者会陷入共情陷阱。[2]例如，皮尤研究中心分析了一系列研究，发现在一些特定情况下，使用社交媒体会导致更高水平的压力。[3]为什么？从本质上讲，因为社交媒体的用户彼此之间有着较为紧密的联系，对彼此身边发生的事情也更为敏感。

---

[1] Barbara Lombardo and Caryl Eyre. 2011, "Compassion Fatigue: A Nurse's Primer," *Online Journal of Issues in Nursing* 16, no. 1 (2011): 3; Maryann Abendroth and Jeanne Flannery, "Predicting the Risk of Compassion Fatigue," *Journal of Hospice and Palliative Nursing* 8, no. 6 (2006): 346-356.

[2] Robin Stern and Diane Divecha, "The Empathy Trap," *Psychology Today*, May 4, 2015, www.psychologytoday.com/articles/201505/the-empathy-trap.

[3] Keith Hampton, Lee Rainie, Weixu Lu, Inyoung Shin, and Kristen Purcell, "Social Media and the Cost of Caring," Pew Research Center (website), January 15, 2015, www. pewinternet.org/2015/01/15/social-media-and-stress.

比如：

·如果一名女性更清楚地意识到与她关系密切的某人经历了孩子、伴侣或配偶的死亡，她的压力水平会提高14%。

·如果一名女性更清楚地意识到一个自己熟悉的人被降级或减薪，她的心理压力水平会提高9%。

·如果一名女性更清楚地意识到她身边的人在住院、经历了一场严重的意外或者受伤了，她的心理压力水平会提高5%。

问题不在于社交媒体用户对他人生活中的负面事件产生敏感性，而是数字技术的发展使得每个人都能更快了解所发生的事，并加快信息的更新。诚然，可以在第一时间了解事情发展的动态，客观上为每个人提供了更多帮助和安慰他人的机会，但不断接触别人的不幸境遇可能导致情绪疲惫。

尽管共情有助于促进联系、建立关系，但在某些情况下它显然是有害的。

那么，怎样合理使用共情呢？

情商共情

情商上的共情——让共情服务于你而不是为它所困——的关键，就是找到适当的平衡。

首先，请记住，共情的目标是帮助你更好地理解他人和他人的情感需求——但不能以牺牲自己的情感需求为代价。如果你乘坐过飞机，你就会知道这个规则：在帮助他人之前，先确保自己戴好氧气面罩，否则你帮不了太大的忙，至少帮不了很久。同样，要想对别人展示共情，首先要了解自己的情感和需求。这就包括建立自我意识，你可以运用本书前几章介绍的方法来练习了解自己。

问题在于，情绪共情并不能像开关一样可以随心所欲地打开或关闭。一旦你培养出感受他人的能力，就会在特定情境下自动体验到共情。（比如你会在听故事、看电影或听歌时突然感动得流泪。）我们的目标是实现不会倦怠的共情，这就需要对共情加以限制，甚至将自己从某些情境中抽离出来。

试着这样做 ————————————————————————

如果你的工作需要你长时间将共情保持在"开启"状态（例如老师或护士），那么你会很容易产生情绪疲惫。为避免这种结果，你可以让自己多休息，时间可以缩短，但次数可以增加，让自己从疲惫中恢复过来。或者，你可以与你的雇主或同事一起重新分配某些任务或职责（或至少在执行这些任务和职责时），从而为每个人带来更平衡的工作安排。

————————————————————————————————

试着这样做 ————————————————————————

比如说，你的爱人在经历了糟糕的一天后下班回到家，而你也同样度过了糟透了的一天。你觉得实在没有力气去安慰你的爱人或考虑对方的感受；事实上，你自己也在渴望对方能够考虑你的感受，来安慰你。

在这种情况下，你可以说："我知道你今天特别辛苦，其实我今天也特别累。不如我们花点时间一起放松一下（运动或好好吃一顿）？然后我们一起散散步，聊聊今天单位的事。"

这种回应清楚地表明了你自己的需求，同时体贴地满足了你伴侣的需求。虽然这些话只需要几秒钟的时间来说，但它可以极大地影响接下来几个小时甚至几天里两个人的情绪状况。

——————————————————————————————————

试着这样做 ————————————————————————

如果你发现社交媒体正在消耗你的情绪能量，那么请限制自己在这上面花费的时间。设定一个闹钟，给自己规划其他一些事情做，这样你就有动力关闭手机设备了。

——————————————————————————————————

最后，情商共情还包括察觉到某人不想得到你的帮助或者没有准备好分享他的想法或感受。在这些情况下，尽可能多地给予对方时间或空间。另外，让他知道，你随时可以与他交谈，并且待过去一段时间后，不要害怕再与对方联系。

行动中的共情

最近，脸书（Facebook）执行官雪莉·桑德伯格（Sheryl Sandberg）展示了同情共情的一个现实案例。

当时桑德伯格一直在处理丈夫离世事宜，她的丈夫在2015年去墨西哥的旅途中意外去世。突然，她不仅要承受失去爱人的痛苦，还要面对独自抚养两个孩子的挑战。在丈夫过世仅一个月后，桑德伯格更新了脸书，向我们展示了她最近的想法和情绪。

"我认为，当悲剧发生时，我就面临着一种选择。"她写道，"我可以任由空虚占据我的灵魂，限制我的思维和呼吸，也可以选择从悲剧当中获得一些启示。"[1]

在这篇文章中，桑德伯格流露出极度的悲伤，但她也表明，她想从这突如其来的不幸中学到些东西，然后用这些经验去帮助其他人。

2017年2月，桑德伯格写了另一篇帖子，宣布公司政策上的重大变化，其中包括如果员工直系或非直系亲属离世，员工可以申

---

[1] Sheryl Sandberg, "Today is the end of sheloshim for my beloved husband," Facebook, June 3, 2015, www.facebook.com/sheryl/posts/10155617891025177.

请长短期带薪休假回家治丧，以及如果员工家属罹患长期或短期疾病，也可以申请带薪休假回家照顾家人。

桑德伯格写道："在我的孩子比以往任何时候都更需要我的时候，在我经历爱人去世这场噩梦的时候，感谢公司的丧假和灵活的工作安排帮我渡过难关。正是这两样让我从悲伤中走出来，重新回到工作岗位上。"①

桑德伯格不仅找到了继续前进的方法，还将她的不幸作为催化剂来激励自己反思：类似的情况对其他人会有什么影响。除了感受共情，她还通过行动实践共情：采取措施帮助他人。

当然，并非只有高管才能运用同情共情，每个人每天都有机会进行同情共情。

所以，当你的爱人、同事、朋友或家人告诉你他们感到精疲力竭时，不要再用负面的眼光看待他们。相反，回忆一下，以前你有类似感受的时候，他们是如何帮助你的，然后照着做一些积极的事情去帮助他们。

这就是同情共情：将换位思考和同情转化为积极的行动，让对方知道，即便你不完全理解他在经历什么，你也知道他在经历痛苦，并且想要帮助他。

---

① Sheryl Sandberg, "There have been many times when I've been grateful to work at companies that supported families," Facebook, February 7, 2017, www.facebook.com/sheryl/posts/10158115250050177.

以这种方式表现共情需要花费时间和精力，但这是与他人建立紧密联系并更好地帮助他人的必要投资。

至关重要

共情是情商的重要组成部分，能够加强你与他人之间的联系。它还是多种技能的综合，包括良好的倾听能力和积极运用想象力的能力。

共情的核心概念很好地体现在这个"黄金法则"中：你希望别人如何对待你，你就用这种方式对待别人。

简单来说，黄金法则包含了共情三要素：认知、感受和同情。要遵循它，人们不仅要思考和感受，还要采取积极行动。

批评者声称，黄金法则早已被推翻，毕竟每个人的价值观和品味都不同，所以应该是"别人希望你如何对待他，你就用这种方式对待他"。

这种推理忽略了一点：这一法则的美妙之处正是它的实践性。黄金法则易于记忆的同时，鼓励思考和联系。此外，要最终实现黄金法则，就需要考虑他人的品味、价值观和角度。

毕竟，这不正是你想让他人与你打交道时做的吗？

毫无疑问，按照这个法则行事并不容易，这就意味着你不能妄下结论——这正是我们爱做的——而是要尽可能避免主观判断，去理解对方，但是从情商角度运用共情可以极大地改善你的人际关系质量，甚至是你的生活质量。

还记得开场故事中的高管皮尔斯先生吗？

遗憾的是，几年前他去世了。我经常想知道，多年来他读过多少类似的电子邮件、信件和请求。一家新闻媒体发布了以下声明：

"皮尔斯先生曾在各个委员会任职……他的工作要求他频繁出差……尽管他的工作量很大，但他从来没有因为忙碌而忽略身边人的需求和感受，忘记倾听别人的意见。他总是用温暖的微笑和幽默感让别人放松下来。他的亲密伙伴说，拥有不同背景或文化的人们都会被他的人格魅力所吸引。"①

我永远不会忘记多年前皮尔斯先生给我上的深刻一课。我相信，不计其数的人也有类似的感受。

共情非常宝贵，它使我们更加灵活变通、善解人意、乐于助人。另一方面，虽然感受他人的能力是一种馈赠，但必须妥善运用，以免造成伤害。

学会通过他人的眼睛感受这个世界，不仅可以使你有更好的人际关系，还可以让你的个人生活更加丰富多彩。

---

① "Guy H. Pierce, Member of the Governing Body of Jehovah's Witnesses, Dies," Jehovah's Witnesses (website), March 20, 2014, www.jw.org/en/news/releases/by-region/world/guy-pierce-governing-body-member-dies.

6

影响力艺术：

协商情绪，一步步改变对方

· · · · · ·

如果听不到，那一定可以感受到。

——德国谚语

克里斯·沃斯（Chris Voss）可能是世界上最好的谈判者了。沃斯在美国联邦调查局工作了二十多年，其间担任人质谈判者十五年，参与了一百五十多起国际人质事件。后来，他从数千名特工中被选为联邦调查局国际绑架谈判代表，现已担任四年（距离本书写作时间）。

沃斯回忆[①]，1998年的一天，他站在纽约黑人住宅区一间公寓外的狭窄走廊里。据报道，公寓里面是三名全副武装的逃犯，几天前他们刚刚与帮派里的对头进行过激烈的枪战。特警队在沃斯身后几步远的地方待命。沃斯的工作就是说服逃犯弃械投降。

由于没有他们的电话号码，沃斯只能隔着公寓门喊话。他在门口足足说了六个小时，但里面没有任何回应。他开始怀疑公寓里面究竟有没有人。

突然，门开了。先是一名女性走了出来，随后是那三名逃犯。

一弹未发。无人受伤。甚至没有一句脏话。

---

① Chris Voss and Tahl Raz, *Never Split the Difference: Negotiating as If Your Life Depended on It* (New York: HarperBusiness, 2016).

他是怎么做到的呢？

用他的话说就是，他用"深夜电台谈心节目主持人的那种声音"，不断地对他们进行劝导："看起来你们并不想出来。你们是不是担心，如果打开门，我们会冲进来并且开枪。看起来你们并不想回到监狱里。"

之后，沃斯很好奇是什么让逃犯最终走了出来。

逃犯说："我们不想被抓或被击毙，但你让我们平静下来了。我们最后相信你不会离开，所以我们就出来了。"

多年来，沃斯不断调整他的谈判方法，挽救了数百人的生命。

"情绪不是我带来的，它本来就存在。"沃斯在接受采访时告诉我。"情绪总是被忽略，但在我们每次的交流当中都充当重要的角色。它反映了我们的所需、所想、所思。我们每个人都会基于我们在乎的事情做出选择和决定，这使得我们所做的每一个决定都是在情绪的作用下产生的。

"我的方法是，不要开玩笑。人质谈判者不会在情绪方面自欺欺人。我们所做的就是协商情绪，一步一步达到影响别人的目的。这是建立在信任基础之上的，只有这样才能让你影响到事情的结果。

"它可以让你改变人们的想法。"[1]

---

[1] Chris Voss, interview by author, February 9, 2018.

世界是你的训练场

你可能永远不会遇到解救人质的情况，但你每天都会遇到无数影响别人和被别人影响的机会。

通过互动，人们建立关系或影响本已存在的关系。其中一些关系是短暂的，比如你遇到一位售货员，可能以后再也见不到了；而其他一些关系——与家人和朋友的关系，将持续一生。无论如何，通过与他人接触中的交流，我们要么会帮助到他人，要么被他人帮助；要么会伤害到别人，要么被别人伤害。

人际关系管理就是充分利用这些人际接触。它建立在影响原则的基础上——这里的"影响"指双方对彼此及其行为的影响能力。虽然有些影响是自然而无意地发生的——你与某人在一起的时间越长，你对他施加的影响就越大，反之亦然——但人际关系管理是有目的性的。它包括使用情商的其他三种技能——自我意识能力、自我管理能力和社会意识能力来帮助自己说服和激励他人，从而更有效地管理冲突，使收益最大化。

在本章中，我们将研究影响的细微差别，了解在现实世界中如何进行人际关系管理，以及它如何帮助我们在生活的各个方面成为他人更好的伙伴。

目标很简单：从别人身上得到最好的，也让别人从你身上得到最好的。

影响的定义

影响是指通过逼迫或命令以外的方式使一个人的性格或行为发生变化。影响通常是不明显的：一个移居英国的美国人可能没有意识到他的新伙伴对他的词汇和口音的影响，直到他回到家里，他的家人告诉他他的口音变得有多么不同。

一个人也可能无意中对别人施加了负面影响。一个缺乏社会意识的年轻人可能没有意识到他过多谈论自己的倾向，以及这导致了其他人都尽可能避开他。一个好朋友可能因太过固持己见而让你不想再询问他的看法。两者都完全没有注意到别人如何看待他们。

然后就是有意识的影响。影响者采取劝说和激励去解决问题或管理冲突。他们促使他人用不同的方式去思考，从新的角度看待事物，甚至改变自己的行为。

这种影响可能是短期的。例如，你可能会试着：

· 说服你的另一半买或不买某件东西。

· 不去直接命令而让孩子主动打扫他们的房间。

· 帮助一个心情烦躁的朋友平静下来。

或者，你可能会尝试长期影响某人，例如当你试着：

· 帮助你的配偶戒烟或进行更多锻炼。

·让老板不要对你进行微观管理。

·给孩子灌输品格和个人价值观。

当然，影响是一把双刃剑，既可以帮助你，当然也可以伤到你。在第八章，我们将思考影响力和情商的其他特质的一些负面运用，以及在这种情况下你可以如何保护自己。

首先，让我们仔细研究一下影响的各种方式，看看在现实世界里它们是如何运作的。

展示个人兴趣

在经典著作《如何赢得友谊及影响他人》（*How to Win Friends and Influence People*）[①]中，戴尔·卡耐基（Dale Carnegie）谈到了他在一次晚宴上遇到一位杰出的植物学家的事。

卡耐基说，整个晚上，他半躺在椅子上，沉浸在这位植物学家对各种奇异植物和花园实验的讲述中。卡耐基不停地问他各种园艺问题，然后对他的帮助表示感谢。离开的时候，植物学家告诉

[①] Dale Carnegie, *How to Win Friends & Influence People* (New York: Simon and Schuster, 1981).

晚宴主持，卡耐基"最能激励人"，且是"最有意思的聊天者"。

这个故事巧妙地说明了影响的第一个关键要素——展示个人兴趣。

当对他人表现出兴趣的时候，你会自然而然地提出各种问题——当然，不是以咄咄逼人或令人生厌的刨根问底的方式，而是出于个人好奇来提问。你从哪里来？你在哪里长大？你去过哪里？这是一个简单问题的三个变体，却可能引发数小时的对话。

"如果你渴望成为一名谈话高手，"卡耐基建议道，"首先要成为一名细心的倾听者……请记住，与你交谈的人对有关他们自己的事的兴趣比对有关你的事情的兴趣大一百倍。"

卡耐基的建议在当时很有价值，放到今天则更有意义，因为现代技术的兴起缩短了我们的注意周期。在任何一家餐馆里，你都会发现有些人无法抵御每隔几分钟就看一眼手机的冲动，这经常让同桌的伙伴感到扫兴。

当你把对话伙伴当作屋子里最有趣的人，充满好奇地倾听他们的想法和意见时，你就会变得与众不同。这场对话中没有对错，双方只是在分享和学习看问题的不同角度。当你努力去理解对方为什么会这样想或者为什么会有这样的感受时，他们也会自然而然地对你产生兴趣。他们也会以更包容的心态去倾听并考虑你的想法和意见，即使他们并不同意你的观点。

将对方视为有趣的人，在谈话中保持好奇，注意倾听。有意思的是，这样做反而会让你赢得大家的喜爱。有谁不喜欢谈论自己呢？

鼓励尊重

尊重是相互的。对某些人来说，这似乎是常识，但对于社会来说，展示尊重的能力正在成为一种失落的艺术。在工作和家庭生活中，讽刺他人和尖酸刻薄已成为交流中的常态。进一步说，当我们被情绪驾驭时，很容易忘记日常的礼貌原则。

以下是一些可以帮助你赢得他人尊重的提示。

1. 认可别人

在你开口跟对方说话前，先通过认可对方的存在来表示尊重。略微点头、微笑或简单的问候都可以给对方留下良好的第一印象。

在讨论一个你并不认同的话题的时候，试着认可对方的观点。感谢对方坦诚与你分享他们的想法和观点。如果你没有明白他们的思路，可以跟进询问。试着用你自己的话来重述对方的观点，并询问对方自己是否理解正确。所有这些做法都会让对方感觉到你在认真聆听。

2. 了解事情的来龙去脉

不要根据道听途说而妄下结论，因为在这种情况下，很多细节和背景信息可能已经丢失。即使是你亲眼目睹，也可能会让个人偏见或者情感倾向影响判断。

在采取行动之前，请务必了解事情的详细情况。询问其他亲历者对事情的回忆，他们会感激你花时间听他们对事情的了解，双方进而会在交流中相互尊重。

3. 定调

如果你以平静和理性的方式接近他人，对方也很有可能会以同样的方式做出回应。认可他们所面临的困难和挑战，他们会更愿意倾听。相反，如果你冷嘲热讽，或者大喊大叫，就会刺激对方的杏仁核运动，把对方逼疯。

如果你想让自己的观点得到有效的传达，态度就要和善而公正，不要指责对方。俗话说得好：要想抓住更多苍蝇，你需要的是蜂蜜而不是醋。至少，将蜂蜜作为开胃菜。

4. 客观看待自己

那些傲慢或自负的人很快就会失去人们的尊重，但如果走向另外一个极端也是危险的——如果你缺乏信念或信心，你就会显得软弱无力，并被贴上软骨头的标签。

所以，在与他人打交道时要客观看待自己。你身上有很多优点，别人也是如此。做到这一点并不总是那么容易，特别是当你遇到有人与你有着截然不同的观点或信仰时，但如果你专注于识别自己和对方的优势时，这是有可能做到的。

共情说理

你正在进行的一场对话突然变成了一场争执。你的对话伙伴持有相反的意见，并开始以激烈的方式表达他们的观点。

你是如何回应的？

在许多情况下，你可能不希望对话继续下去。你可能认为不值得为此浪费情绪，至少不是在此时此刻。或者，你可能对对方的角度嗤之以鼻，强烈地攻击对方的观点是"错误的"，同时竭力用符合你的价值观的论据来证明你的观点。你甚至可能会直接进行人身攻击，指责他们缺乏常识或教养。这种言语攻击会引发一系列同质情绪反应。这样你来我往的交锋不会产生任何有意义的结果，最终双方依旧各持己见，分歧进一步扩大。

对此，有一种更好的方式，它被称为共情说理。

基于理性的方式是公平、合理、明智的。问题是，一个人认为公平、合理、明智的方式，在另一个人看来就不一定是这样的了，因为每个人的评价标准是不一样的，尤其是在讨论有争议的话题时。这就是为什么共情如此重要：它让你从别人的角度而非自己的角度出发进行理性讨论。

共情说理促进人们主动倾听对方，并在谈话结束后有所反思。它帮助人们换位思考甚至改变想法，使讨论顺畅进行下去。

那么，怎样能不通过垄断对话，迫使对方闭嘴而让对方倾听和思考呢？

1. 从寻找共同立场开始

在试图说服或劝服对方时，首先要找到双方的共识。这有助于将对方视为伙伴或盟友而非敌人。

"有效的说服者必须善于通过阐明自己的优势来表达他们的立场。"《说服的艺术》（ *The Necessary Art of Persuasion* ）[①]作者、著名商业教授杰伊·康格尔解释说，"正如任何一位家长会说的，让孩子自愿跑腿儿去杂货店最好的方法就是告诉他收银台旁边有棒棒糖……在其他情况下，说服的模式显然更复杂，但基本原则是相同的。这是一个识别共同利益的过程。"

在创建说理框架时，首先了解你的听众至关重要。当然，你需要知道哪些问题对他们来说很重要，以及为什么这些问题对他们来说很重要。如果你没有做到这一点，那么你劝说的方向就错了。

因此，找到共同点意味着要做一些功课：与你的听众及与其关系亲近的人进行交谈，并仔细倾听他们的话。

"这些步骤有助于劝说者把他们将要表达的观点、依据和角度考虑清楚。"康格尔解释道，"通常情况下，这个过程会让他们在开始劝说之前改变他们原先制订的计划，甚至做出某种程度的妥协。正是通过这种深思熟虑的研究型方式，人们创建出吸引听众的框架。"

[①] Jay Conger, *The Necessary Art of Persuasion* (Boston: Harvard Business Review Press, 2008).

举个例子，假设你试图说服主管给你加薪。你可以直接进入办公室，连珠炮似的详细介绍你长期以来对公司所做的贡献、这些年来取得的成绩以及自己所拥有的特殊技能。在你看来，所有这些都非常具有说服力。

然而，你也许并不知道，此时此刻主管正因超出预算而受到批评，他正考虑不惜一切代价降低运营成本——包括裁减人员。当他知道你对现状如此不满时，他很可能会顺水推舟地解雇你。

如果你首先去关注主管的需求呢？通过打听了解，你知道了他当前最关心的是什么。你明白，如果你可以帮助他降低部门开支，你就更容易申请加薪。

这种共情方法帮助你以主管优先关心的事项为重心创建你的说理框架，为他最关心的问题提供具体的解决方案，提高你加薪成功的概率。

2. 问策略性问题

即使你正在和对方激烈讨论，继续了解对方也很重要。

问对问题将给对方机会表达自己，分享他们对当前话题的看法，从而使讨论变得更加开放，也使你有机会更好地了解他们的立场。

比如：

· 你对此有何感觉？

· 让你信服的原因是什么？

· 如果……你会有什么样的反应？

·什么会改变你对……的感觉？

此外，你可以让对方一步一步解释他们的想法，鼓励他们更深入地思考问题。通常，他们会意识到，自己并不像自己认为的那么了解这个问题，进而会软化自己的立场。

3. 提供对方可能会尊重的证据

任何论点都需要强有力的论据。在这样一个充满误导性数据和错误信息的世界里，如何找到既有说服力又准确的证据呢？

请牢记，由于人们在背景、成长和文化方面存在差异，某个观点对一个人来说有说服力，对另一个人也许就不起作用了。这就是为什么你必须研究对方的论证。谁影响并激励了他们？他们引用了哪些研究？回答完这些问题，你就可以从他们可能信任的来源中寻找数据和专家观点。（注意不要错误引用或断章取义，否则会削弱你的可信度和说服力。）

可以肯定的是，付出这些努力会花费很多时间，也很有挑战性，但是能让你用一种对方乐于接受的方式拿出依据让对方信服，而不是把时间浪费在对方根本不会去听的论证上。

4. 当屈则屈

在讨论过程中，你可能会越来越确信对方是错的。你可能会发现对方的立场中存在关键弱点，于是想利用它将对方驳倒。

然而，人们在情绪上依附于他们的信仰。如果你无情地揭露对方说理过程中的每一处漏洞，他们会感到自己受到了攻击，否仁核受到刺激，理智会让位于冲动。他们不再将注意力放在倾听或理性讨论上，而是为自己辩护或对你进行回击。

不要试图占据支配地位，而是要专注于更多地了解他人的观点以及他们感受背后的原因。然后，重新建立共同点，为你接下来的观点论证奠定基础。最重要的是，要感谢对方坦诚地表达他们的观点，并帮助你理解他们的观点，努力让会话朝积极的方向发展。

请记住，持久的影响需要时间的积累。你的目标不是在一次讨论中赢得争论或改变某人的想法；相反，要从大局出发。

做到树论而不树敌。

——艾萨克·牛顿

激起他们的情绪

让他人接受一个真理与激励他们采取行动有很大不同。

为了真正激励他人采取行动，你必须激起他们的情绪，也就是要深入渗透，以影响他们的想法和感受。

艺术家是引发情绪反应的专家。想想你最喜欢的演员、舞者或音乐家。很有可能的是，这些艺术家之所以能吸引你是因为他们能够让你有所感受。尽管你没见过他们，但他们通过艺术与你产生共鸣。他们会让你哭，让你笑，让你舞。

或者回想一下你在学校读书的日子。你还记得你最喜欢的老师或教授吗？他们将枯燥的知识融入你的生活。他们讲述的故事、展示的个人爱好和兴趣，成为你一天中津津乐道的事情。他们也可能在塑造你的人格方面发挥了重要作用。

如今，影响他人的环境有所不同，但建立情感联结的原则是相同的：要激励他人采取行动，必须先激起他们的情绪。

以下是一些方法。

1. 展示热情

热情具有感染力。如果你真的相信自己所说的话，那么你的激情就会自然而然地被激发出来，并激励他人。（想想一位优秀的教练或私人教练是如何激励他人的。）

这并不意味着你必须戴上面具去表演。最重要的是你要完全地自信。如果你不自信，那么花点时间认真思考你的想法或信念，把事情想清楚。专注于提高你论述的价值，你便能展示出真诚的的热情。

2. 利用插图和故事的力量

数字、数据和精心设计的论证是令人信服的证据的几大要素。单独使用其中一样，作用会非常有限，简单地说，会很枯燥。

每个人都喜欢听一个好故事。如果你能运用逸事或现实事例来论证，你的话会让听众感觉鲜活，引起他们的情绪反应，进而打动他们。这样做还让理论与实践之间有了联系。

不要总是讲道理；找到一种方法让道理变得鲜活起来。

3. 重复，重复，重复

最伟大的老师都擅长重复。想一想，你父母多少次耳提面命才让你真正明白一件事。或者注意一下那些有名的演说家如何在演讲中重复关键句。马丁·路德·金在他的著名演讲中对"我有一个梦想"这一表达的巧妙使用就是一个很好的例子。

这是一条经典的演讲建议：告诉听众你的演讲主题是什么，然后开始演讲，最后进行总结。

掌握重复的艺术需要一些努力，以免显得僵硬。虽然重复关键短语可以让演讲听起来很有力量，但你也可以尝试使用以下表达式来重新构建主要观点：

· 换句话说……

· 我想说的是……

· 重点就是……

这个技巧可以让你不断重复要点的同时保持用语的多变性，并且使听众的兴趣点始终在你的掌控之中。

4. 使用惊喜

一句别出心裁或令人吃惊的陈述可以迅速抓住听众的注意力。例如，我的作家朋友利兹·伦茨（Lyz Lenz）曾经写过一篇非常精彩的短文，文章标题是《亲爱的女儿，我希望你失败》[①]。

这篇文章讲的是早年伦茨如何学会应对失败，从错误中吸取教训，并且变得比以往任何时候都好的故事——与那些"扫雪机父母"为孩子扫除一切障碍来保护他们免遭失败形成鲜明对比。

"不曾体验过失败不是成功，而是平庸。"伦茨认为，"我不想让我女儿轻易说放弃，也不会为她铺好路。当她遇到挫折时，我会教她振作起来，重振旗鼓，不断尝试。"

绝佳的说理加上精彩的观点固然很好，但如果没有一个厉害的开端，恐怕大多数读者都不会继续往下读这篇文章。当然你也可以做到这一点。通过使用一句令人惊叹的陈述，你可以迅速抓住听众的注意力。紧接着，传达出你的观点，强化你与听众的共同价值观。

[①] Lyz Lenz, "Dear Daughter, I Want You to Fail," Huffington Post, February 24, 2013, www.huffingtonpost.com/lyz-lenz/snow-plow-parents_b_2735929.html.

在家里

你正和自己的伴侣平静地讨论一件事。过了一会儿，你们在某个问题上产生了分歧，你发现对方逐渐变得非常情绪化。这时候，你可以继续坚持你的观点，并冒着让对方情绪失控的风险继续争论下去。当然，你也可以让你的伴侣说出自己的想法，仔细聆听，然后试着找到建设性的解决办法让对话继续下去。

试着帮助你的伴侣冷静下来，在这个过程中你无意间已经影响了对方的情绪。然后呢？如果你们讨论的问题非常重要，那么可以等到合适的时机再提出来讨论。那么怎样做才有效呢？

仔细想出一个理想的地点和时间。例如，在两个人都心情愉快、放松的时候再提这个问题。你还应该考虑如何重新引入该话题。请记住，以适当的道歉、感谢或基于某种共识开始这个话题，有利于营造更积极的氛围，增加彼此理解和协作的机会。

用行动来影响：舞台上的同情共情

席琳·迪翁是世界上最知名的歌手之一。一天，她来到拉斯维加斯的恺撒宫，跟之前无数次演出一样在成千上万的人面前演唱。①突然，一个貌似喝醉了的粉丝冲上舞台想接近席琳·迪翁。接着，安保人员也冲到台上，想要把她拉走。

如果不是因为迪翁表现出非凡的镇定和随机应变的能力，情况很快就会变得混乱不堪。

迪翁没有躲到保镖身后或逃开，而是大方地跟粉丝打招呼说话，她甚至对粉丝表示感谢。

"让我告诉你一件事，"迪翁握住那个女人的手说，"我很高兴今晚你能登上这个舞台，我知道，你只是想离我更近一些，我非常高兴……"

此时，这个醉酒的粉丝紧紧抓住她的手，甚至把腿架在迪翁身上。警卫立刻靠了过去，但是迪翁挥手示意他们暂时不要过来，让他们在旁边待命。然后，她继续用平静、舒缓的语气和她的粉丝说话。

之后，这个粉丝好像对台下的观众说了些什么，但是迪翁从她的话中听出了双方的共同点，并建立起她们之间的某种联系。"你知道吗？"迪翁说，"我也一样，我们都有孩子，我们都会为他们而努力，而且我们今天穿的都是金色的衣服。这一定意味着什么。"

在整个过程中，迪翁表现出强烈的共情。通过鼓励对方唱歌

---

① Ramona G. Almirez, "Celine Dion Reacts Calmly to Fan Storming Stage," Storyful Rights Management, January 8, 2018, https://youtu.be/GoO2LpfcVVI.

甚至跳舞，迪翁将对方的情绪从叛逆、好斗变为快乐、合作。不到两分钟，迪翁就让这个失态的粉丝顺从地跟安保人员一起走到舞台后面。席琳·迪翁经受住了对她突如其来的考验。

之后，迪翁长舒了一口气，瘫倒在舞台上，台下响起雷鸣般的掌声。

这是最好的情绪影响。

影响他人

无论是进行工作面试、讨价还价，还是邀请约会时，我们都试图在某一刻对对方施加影响。

请记住，影响是一个循序渐进的过程。

当我和克里斯·沃斯交谈时，他将这个过程比作一段阶梯。"我们都倾向于直达我们的目的，"他解释道，"但在这种情况下，两点之间的最短距离不是直线，因为在它们之间是一段阶梯，我们的每一步都是在为下一步打基础。这种影响过程实则是在双方之间建立起一种和谐的关系，因而需要我们进行共情，然后一步步影响到对方。"

要改变对方的想法，就必须先了解对方的想法。了解他们的痛点，以便帮助他们解决问题。还要了解他们的沟通风格以及个人动力和动机。这样做可以让你用他们能理解的方式去和他们说话。

更重要的是，这将帮助你影响他们的情绪，从而激励他们采取行动。

你必须意识到，人和情况都在不断变化。你最重要的人际关系要经过多年的互动才能形成。

那么，情商如何帮助你获得更高质量的人际关系呢？

这种关系建立在坚实的基础上——这就是我们下一章的主题。

Chapter

7

构建信任桥梁：

培养更有深度、更健康、更忠诚的人际关系

· · · · · ·

没有人是一座孤岛。

——约翰·多恩

在过去的十年里，我遇到或采访过无数高管、经理和企业家。他们中的许多人都通过付出血汗与泪水成就了一番事业……当谈到职业道德时，他们中却没有人能跟我的岳母玛格丽特相提并论。

玛格丽特1958年出生在波兰，曾经经历了一段艰苦的岁月。她知道苦难是一种什么感觉，所以她从来不把任何事情视为理所当然。她经常教导她的两个女儿，要享受人生，但也要为可能会来临的苦日子做好准备，并学会与他人建立起牢固的人际关系。

而我的岳母生来就是一个擅长建立人际关系的人。无论是刚结识她的人还是认识她多年的人，都能感觉到岳母对他们的关心和在乎，也就愿意跟她在一起。她曾在一家大型汽车制造企业的高管办公室做保洁工作，后来她决定离职，办公室秘书却恳请她留下来。她非常信赖我的岳母，并且已经养成每天跟她聊天的习惯，因为每次跟岳母聊天都能让她感到轻松快乐、神清气爽。虽然最终岳母还是坚持离开了，但两个人并没有断了联系，秘书女士每隔一段日子就来家里拜访岳母，一起喝杯咖啡聊聊天。

劳里和沃迪思是岳母在夏威夷和家人度假时认识的一对夫妇。

虽然劳里是经朋友介绍认识岳母的，但很快她们就变得亲密无间、难舍难分了。当假期结束的时候，两个人才不得不含泪互道珍重。多年来，岳母和劳里通过信件和电子邮件一直保持着联系。这些还不算什么，更有意思的是……

岳母不会说英语。她和劳里是通过翻译（通常是我的妻子）进行交流的，却不知怎么的，竟然建立起了牢不可破的友谊。

即使在生命的最后时刻，岳母还在交朋友。她不停地感谢身边的医生和护士，我们去探望她时，她还想介绍我们大家认识。岳母有感于尽管他们每天要面对病人各种各样的痛苦，却依然保持着乐于帮人分忧解难的积极态度，以及对病人的同情心，通过表示感谢让他们得到了应得的认可和赞美。

岳母善于建立关系的例子不胜枚举——多年来她一直照顾自己年迈的母亲和婆婆，也从不吝惜时间去帮助别人。岳母一生中给我上了很多课，其中最重要的人生课是，建立并维系有意义的关系不是一件容易的事情，却是最值得付出努力的事情。

牢固关系的价值

我们的生活离不开人际关系。从我们出生的那一刻起，我们就在依靠他人的养育和关心。无论我们变得如何独立或自立，我们总是会在别人的帮助下取得更多成就。

不仅如此。研究表明，良好的人际关系也使我们更快乐、更健康。[①]

那么，怎样培养与他人的良好关系呢？

几年前，谷歌的一个研究小组开始寻找能够让团队成功的因素。他们研究项目的代号是"亚里士多德"——这是对这位哲学家这句至理名言的致敬："整体大于各部分之和。"

研究小组分析了数十个团队，采访了数百名高管、团队负责人和团队成员，结果发现许多有助于提高团队效力的因素——但最重要的因素是团队成员感受到了"心理安全"（psychological safety）。[②]

[①] 罗伯特·沃尔丁格(Robert Waldinger) 是一名精神科医生，目前他正在指导哈佛成人发展研究，这是迄今为止最全面的情绪健康研究之一。当被问及这项为期七十五年的研究最终得出何种结论时，他坚定地说："良好的人际关系让我们更快乐、更健康。"

[②] Julia Rozovsky, "The Five Keys to a Successful Google Team," re:Work (blog), November 17, 2015, https://rework.withgoogle.com/blog/five-keys-to-asuccessful-google-team.

研究人员写道："在一个心理安全度很高的团队中，每个成员更愿意去承担团队面临的风险。他们相信，团队中没有人会因承认错误、提出问题或提出新想法而被置于尴尬之中或受到惩罚。"

简而言之，优秀的团队根植于信任。

有时，我们将自己的信任交付给完全陌生的人——将我们带回家的机长、为我们烹饪出可口美食的大厨，但这种信任视情况而产生或解除。要建立更深层次的信任，需要在更长的时间内使他人受益。

我们可以将人际关系想象成我们在与他人之间架起的桥梁。任何坚固的桥梁都必须建立在坚实的基础之上，对于人际关系而言，这个基础就是信任。没有信任，就没有爱，没有友谊，没有人与人之间的持久联系。而有了信任，还会有行动的动力。如果你相信某人正在守护你的最大利益，那么你几乎可以做他要你做的任何事情。

在本章中，我将概述几个你可以遵循的用来真正赢得他人信任的实用技巧。在阅读时，请回想你生活中的人。你信任的这些人是如何实践这些行为的？你可以在哪些方面进行改进？

回答这些问题将帮你培养和维持更深层次、更有意义的关系。

沟通

建立信任需要有效和持续的沟通。

持续的沟通可以让你与他人的现实生活保持联系。你将很快意识到他们人生的起落，以及他们如何应对这些变化。此外，你还向对方传达出一点：对他们来说重要的事情，对你也一样重要。

最近，盖洛普的一系列研究得出结论：最有效的管理者往往综合使用面对面交流、通电话或电子通信等多种方式与员工进行沟通，而且一般在二十四小时内就会予以回复。[①]研究还发现，大多数员工很看重上级在与他们沟通时关心他们"在生活中遇到了什么困难或者麻烦"，这会让他们感觉到上级在把自己当成活生生的人而非工作机器来看待。

由于每个人的思维方式和沟通风格不一样，因此将自己的想法和意图表达清楚很重要。请记住，没有人会读心术。有些人需要更多的细节才能了解你，所以努力用别人可以理解的方式表达自己。

在家如何去做？要找到大块的时间去跟家人沟通并不容易。

[①] Jim Harter and Amy Adkins, "Employees Want a Lot More from Their Managers," Gallup Business Journal (website), April 8, 2015, http://news.gallup.com/businessjournal/182321/employees-lotmanagers.aspx.

现在，父母的工作时间比以往更长；孩子们的大部分时间都在学校度过或跟朋友一起度过，好不容易在家时，又抱着手机和电脑玩。在这种情况下，如何与亲人保持有效的沟通？

试着这样做 ——————————————————————

设定一个目标：每天一起吃一顿饭。不让孩子玩电子产品是不太切实际的，怎么办？好好利用它们——使用电子通信或社交媒体与家人保持联系。跟他们分享你的一天，然后请他们也分享一下自己的一天。这并不意味着用电子通信取代面对面的沟通。相反，你只是将电子通信用作一个补充手段。向你的配偶或孩子发送一些简短的信息，哪怕是"谢谢""想你"或"爱你"，都可以帮助建立信任感和安全感，从而使大家愿意花更多的私人时间在一起。

真实

真实促进信任。我们总被那些我们觉得真诚的人、"保持真实"的人所吸引，那么保持真实到底是什么意思呢？

真实的人与他人分享他们真实的想法和感受。他们知道不是每个人都会认可他们，但在他们看来，这没关系。他们也明白自己并不完美，但他们愿意展示他们的缺点，因为他们知道其他人也有不完美之处。他们愿意接纳别人真实的样子，也因此让自己受到别人的欢迎。

当然，"保持真实"说起来容易，做起来难。事实上，情商的某些方面可能会妨碍你"保持真实"。

例如，如果你有较高的社会意识，那么你可能对自己的言论和行为对他人造成的影响很敏感。如果这促使你更加圆滑机敏、谦和礼让，那么对你是有利的；但如果这导致你一直隐藏自己的真实感受或言不由衷，也会损害你让别人信任你的能力。

苹果公司高管安杰拉·阿伦德茨（Angela Ahrendts）在接受记者丽贝卡·贾维斯（Rebecca Jarvis）的采访时谈到了这一点。当被问及她收到过的最糟糕的职业建议时，阿伦德茨提到了她在一家大公司工作时的经历。[1]当时一位人力资源经理告诉她，如果她想看起来是"做首席执行官的料"，她需要做出改变，比如说话的时候不要手舞足蹈。

听了人力资源经理的建议后，阿伦德茨前往明尼阿波利斯与一位教练见面，接受一些指导，并进行录像，以纠正自己所谓的"问题"。"我原本应该在那里待上几天，但结果只待了几个小

---

[1] Angela Ahrendts, interview by Rebecca Jarvis, *No Limits with Rebecca Jarvis*, ABC Radio, January 9, 2018.

时。"阿伦德茨说，"第一天吃午饭的时候，我对大家说：'我要走了。我并不想成为一个根本不是我的人，我喜欢现在的我。迄今为止，我觉得我做自己做得还是比较成功的。我成长在一个大家庭里，我母亲喜欢我，我的朋友喜欢我……我不在乎头衔或职位。每天早上醒来我都会对自己说，做自己，成为自己最好的样子。我不想成为别人想让我成为的样子，所以很抱歉，但我必须要走。'于是我离开了。一个月后，我接到电话，然后成了博柏利的首席执行官。

"因此，在我看来，无论别人怎么说，你要学会：做你自己。"

真实并不意味着和所有人分享关于你自己的所有事，而是意味着说你真正想说的，坚持自己的价值观和原则。

不是每个人都会欣赏你，但是那些对你重要的人会。

帮助他们

获得别人信任最快的方法之一就是帮助他们。

想想你最喜欢的老板或老师。他们是否出身名校、他们拥有什么样的学历、他们取得过哪些成就，对你们的关系并不重要。重要的是他们是否愿意从忙碌的工作中抽身出来倾听并帮助你，以及是否愿意在学习上和工作中和你并肩作战。

只有这样的行动才能激发出信任。

同样的原则也适用于你的家庭生活。生活中的点点滴滴往往是建立信任的基石：帮家人冲一杯咖啡或准备一杯茶水，帮妻子收拾一下盘子或做其他家务，帮助家人把东西从车上拎下来，等等。

事实上，也正是愿意帮助别人的品质帮我追求到我的妻子。在我约她见面之前，我们就已经做了一年的朋友了，但她拒绝同我发展成恋爱关系，这让我感到很沮丧。她说我们仍然可以做朋友，但我不确定自己能否做到。我知道她对我来说很特别，我也没有做好准备让她从我的生活里彻底消失，所以我同意了。

不知怎么的，我们就这样将友谊维持了下去。一年后，我感觉到她对我的感觉开始发生变化，所以我问她是否重新考虑一下我们的关系。

2018年，我们庆祝了我们的结婚十周年。

我们在一起后，我问妻子是什么改变了她对我的想法。"因为你对我的善良和体贴从来没有停止过。"她说，"而其他人，如果你对他们不感兴趣，他们会变得很刻薄，或者会责怪你，或者会完全变一个样。而你没有。在我拒绝你之后，你依旧在我最艰难的时候帮了我很多。在我们做朋友很久之后，我开始想：'他将来一定是一个好丈夫，我不想错过他。'"

请记住，无论你是与朋友、恋人还是同事相处，建立彼此间的信任都是一个长期的过程。因此，尽你所能，随时随地提供帮助。

谦逊

培养爱帮助别人的态度需要我们保持谦逊。谦逊并不意味着你缺乏自信或者永远不会坚持自己的观点或原则。相反，谦逊指的是承认自己的不足，并愿意向他人学习的态度。

例如，如果你比同事或客户资历浅或经验少，那就要承认并时刻记住这一点。如果你表现出学习的意愿，你就会表现出谦逊，自然而然地就会赢得尊重。

相反，如果你年龄较大或经验较丰富，请不要轻易忽视他人的新想法或新技术，以示尊重。你应该通过询问他们的意见和看问题的角度来尊重与你合作的人，并在他们发言时给予关注。当双方都认识到对方可以提供有价值的东西时，就会创造出一个促进双方共同成长的环境。

谦逊也意味着愿意表达歉意。

"我很抱歉"也许是很难说出的四个字，但同时也是掷地有声的四个字。当你愿意承认自己的错误时，你就是在向对方郑重表明，你在人际关系中如何认知和定位自己。这自然会让别人愿意接近你，与你建立起相互信任和忠诚的关系。

道歉并不总是意味着你错了而另一个人是对的。
它意味着你更珍视双方的关系，而不是以自我为中心。

诚实

大多数人意识到，诚实和信任是相辅相成的，但诚实的沟通不仅是说你真诚相信的东西；它意味着避免半真半假，并确保你的信息以不会被误解的方式传递给对方。在法庭上利用技术性细节、法律漏洞和例外条款可能会赢得审判，但不会赢得别人的信任。

那些通过欺骗取得的成功只是暂时的，真相迟早会大白于天下。相比之下，最终只有诚实的人才能脱颖而出。他们是更有价值的员工，是更能提供安全感的家人，是更值得信赖的朋友。

可靠

当今，人们随意违反协议或承诺是很常见的。无论是计划与朋友一起度周末，还是与人达成商业交易，抑或对所爱之人许下承诺，许多人都会发现，其后续工作稍有不便就可能让他们违背当初的承诺。

人们违背承诺有很多原因，但往往可归因为一个简单的事实：我们倾向于生活在当下。如果说"是"的直接好处比说"不"给双方带来的不适重要，那么大多数人都会做出承诺，而不去认真考虑他们是否以及如何能够做到这一点。

那么，什么才是遵守诺言的关键呢？

建立自我意识和自我控制可以帮助你避免做出毫无诚意的承诺。例如，积极和热情可能会导致你在工作中过度承诺……一旦遭遇了冰冷的现实，你就可能无法兑现诺言。充分认识这个事实，学会三思后再做承诺，可以帮你减轻负担，并让你更容易兑现承诺。

研究人员还发现，当协议与道德伦理责任感相关联时，允诺者更有可能履行承诺。[①]换句话说，允诺人会兑现承诺是因为他们觉得自己是在做"对的事情"，即便兑现这一承诺会给他们造成不便或带来一些坏处。

当然，承诺的程度也不尽相同。如果你对朋友承诺晚上一起看网飞电影视频，结果却失约了，这造成的损害可能要比你失约于孩子或错过商业规定的最后期限，给对方带来严重影响所造成的要小。有时，情有可原的情况会影响你履行承诺的能力。

因此，如果你养成了无论大事、小事都信守诺言的习惯，你就会在可靠性和可信赖性方面建立起良好的声誉。

表现出一些爱

几年前，我领导过一个项目，当时团队中经验最丰富的杰西

---

① Thomas Baumgartner, Urs Fischbacher, Anja Feierabend, Kai Lutz, and Ernst Fehr, "The Neural Circuitry of a Broken Promise," *Neuron* 64, no. 5 (2009): 756-770.

卡因为一些问题而陷入了挣扎。问题不在于她的工作——她表现得非常出色——而是她感到精疲力竭了。我们服务的客户并不容易应对，杰西卡说："我不再年轻了，你知道。我再也不能这么干了。"

我向她保证，我很欣赏她的工作，并且我会暂时不让她接这样的任务。我们在没有杰西卡的情况下完成了最后几天的工作，这时她已转到了另一个项目上。结束后，我们收到了客户的好评，我知道我想先打电话给谁。

在我问完杰西卡本周剩下的时间里是否一切顺利后，我让她知道了这个好消息。我告诉她，这是我们从客户那里得到过的最好的反馈，以及这样的反馈意味着什么。我也特别感谢了她在项目中发挥的作用，并告诉她，如果没有她，事情就不会这么顺利。

你可以"听到"电话另一头的微笑。她（两次）感谢我花时间给她打电话。最后她说："你不知道这个电话对我来说意义有多重大。我很乐意将来为类似的项目帮忙。"

哇，真是个改变。

这个故事说明了真诚、真实的赞美的价值。它不是空洞地奉承对方，只为看看未来能从杰西卡身上得到什么，而是花点时间给予对方应得的信任——不幸的是，许多人忽略了这一行为。事实上，在任何机能失调的关系中，最常听到的抱怨之一便是"我只是觉得不被人欣赏"。

人们非常需要表扬和称赞。问题在于，某些人很难给予他人积极的强化或鼓励，因为他们自己从未受到过他人的称赞。然而，即使你是在一个极端挑剔的环境中长大，也可以通过关注以下内容来改变你的心态：

1. 要真诚

从长远来看，表面上的奉承或称赞会适得其反。你也不应该简单地将称赞视为一项任务；相反，发自内心的赞美是不断寻找他人身上积极因素的结果。

如果你很难从某人身上找到可称赞的点呢？你可能会想："我总不能真诚赞美每一个人吧？"

错。

其实每个人身上都有值得称赞的地方。通过学习识别、认识每个人身上可以称道的地方并加以赞美，你可以将他们身上最大的潜力挖掘出来。

这个思维过程能训练你看到对方身上的优点，激励你发自内心地赞美别人。就像你看到一个员工的危险行为时会马上制止并纠正他一样，当你看到一个员工做了一件值得肯定的事时，你也应当对其行为表示肯定，并鼓励其继续做下去。

2. 要具体

泛泛表达出对他人的赞美很好，但其实越具体越好。一定要告诉他们，你欣赏他们什么以及为什么欣赏。

以下是工作场所中的具体称赞：

"嗨_____，你有空吗？我想告诉你一些事情。我知道我说得还不够，但我真的非常感谢你在这里做的事情。你的方式

（处理项目、客户、问题采取的具体行动）很棒。我真的可以看到你在行动中的（专项素质）以及它给公司带来了多大益处。再接再厉。"

这些话会让你感觉如何？

当然，你需要对他人有自己的看法和鼓励。如果你这样做，别人会感受到你的诚意，并被它吸引。

警告：和做任何事情一样，赞美也要掌握好分寸。赞美低于标准的努力，回馈你的还是这样的努力。此外，如果你对所有事情都给予过于热烈的赞美，人们就不会认真对待你的赞美。

然而，在现实世界中，这很少会成为问题。事实上，更多人认为他们的努力被低估或被忽略。这也是赞美的力量如此巨大的原因之一：如果你养成向别人表达欣赏的习惯，他们也会对你做同样的事情。

试着这样做 ————————————————————————

每周安排二十分钟反思，你欣赏那些对你重要的人什么，坚持一个月。这些人包括你重要的另一半（或是你的其他家庭成员）、朋友、商业伙伴或同事——甚至可能包括竞争对手！

然后花点时间给他们发去只言片语、打个电话，或者亲自去看他们。具体告诉他们，他们如何帮助了你或者你看重他们什么。不要提及其他任何话题或问题，表现出一些爱即可。

————————————————————————

比比萨更好

杜克大学心理学和行为经济学教授丹·艾瑞里（Dan Ariely）在一项有趣的实验中强调了赞美的价值。在《支付：形成我们动机的隐藏逻辑》（*The Hidden Logic That Shapes Our Motivations*）[1]中，艾瑞里讲述了一项为期一周的演习：在半导体工厂工作的三组员工如果每天能够组装一定数量的芯片，将被奖励以下三样中的一样：

· 约30美元的现金奖励。

· 一张免费比萨饼优惠券。

· 来自老板的"做得好！"的短信。

第四组作为控制组将不获得任何奖励。

有趣的是，比萨是第一天的最大激励因素——获得比萨作奖励的组的生产力比控制组高出6.7%。考虑到现金奖励仅提高了4.9%，这有点令人惊讶……实际上，本周现金组整体生产力下降了6.5%。

更有趣的是，本周最大的激励因素是称赞。

现在，如果说承诺老板会发简单短信就可以提高生产力，你能想象出真实、真诚的赞美会有什么作用吗？

---

[1] Dan Ariely, *Payoff: The Hidden Logic That Shapes Our Motivations* (New York: Simon & Schuster/TED, 2016).

从负面到建设性

虽然赞美和称赞能激励和鼓舞他人，但负面反馈对于成长也是必要的。这就是为什么在第四章中，我鼓励你将负面反馈视为礼物。

说到批评，你应该意识到，大多数人不会正面看待它。人们倾向于将负面反馈视为攻击，这导致他们以同样的方式来回应。而对这种对抗的恐惧会阻止你告诉别人他们迫切需要听到的东西。

"我们担心对方的反应。"在《福布斯》上发表文章《成长的员工》（*Growing Great Employees*）的作者埃里卡·安德森解释道，"如果他生气怎么办？如果他哭了怎么办？如果他告诉我我是个白痴怎么办？如果他变得超级防备，并开始责备我怎么办？另外还有一个让事情变得棘手的因素是，我们不知道该说些什么。'我无法告诉那个人，我认为他的态度很糟糕。'我们对自己说，'他只会告诉我，他态度很好，是我不理解/喜欢/尊重他，事情会变得越来越糟。'"[1]

为了应对对这种对抗的恐惧，许多人采用三明治方法来提供

---

[1] Erika Andersen, "Why We Hate Giving Feedback—and How to Make It Easier," *Forbes*, January 12, 2012, www.forbes.com/sites/erikaandersen/2012/06/20/why-we-hate-givingfeedback-and-how-to-make-it-easier.

反馈：首先说些表示肯定的话，然后批评，最后以积极的论调结束。这个策略存在一个问题：有些人会看穿你的称赞。他们知道，这不是信息的真正目的，用完就会被扔掉，即使它是真诚的。而对于有些人来说，情况正好相反：他们只能听到好听的话，而需要改进的点甚至都没有被记下来。

如果你放弃三明治方法，你应该如何提供负面反馈？我发现以下方法很有效：

1. 给对方一个表达自己的机会

通过给你的交流伙伴一定程度的主导权，你会让他们放松下来。此外，你将了解到有关他们如何看待当下交流情况的细节，从而知道如何将对话进行下去。

2. 认可他们的感受，并进行共情

如果他们承认遇到了困难，你可以分享你是如何应对类似情况的，以及其他人过去是如何帮助你的。

3. 使用适当的问题

提出正确的问题可以帮助你更多地了解对方的想法，并指出在知识或角度方面的差距。如果存在一些问题，但他们无法看到，你可以请求允许分享你或他人注意到的东西。

4. 感谢对方的倾听

与其称赞一些无关紧要的事情，不如感谢他们愿意听取你的反馈意见。

通过帮助接收人将你的评论视为有用而非有害的，你可以让反馈从破坏性转变为建设性。

在生活中具体怎样做呢？想象一下下面的场景。

假设你在工作中担任管理职务。你的团队成员珍妮最近做了一个存在一些重大缺陷的演示。你定了个时间和她进行讨论。

你："珍妮，谢谢你昨天的演示。我想知道你的想法。你觉得昨天做得如何？"

珍妮："老实说，我在演示时很吃力。我总是会做很多准备，这些东西熟得就像我的手背，但是在一群人面前我就变得很紧张。我的信心下降，开始口吃……事后我就自我批评了一番。"

你："我知道了。很抱歉它让你吃了这番苦头。你知道，我做演示时也会紧张。"

珍妮："真的吗？但你看起来好极了。"

你："谢谢。多年来我也为此练习、实践了很多次。你刚才提到花很多时间准备，这很棒——这可能是你能做的最好的一件事。请问，这次你是如何准备的？"

珍妮："首先，我独立做了所有的幻灯片——因为我对如何传递这些内容有一个非常具体的想法。除了几处需要微调的地方，几个星期前我就大体上做完了。接下来我就一直在脑子里预演，次数肯定不下上千次。"

你："我知道了。那在我们看到之前，你有没有大声练习过？"

珍妮："嗯……我没有。"

你："我也从来没有这么做过，直到有人建议我这样做。我发现它真的很有帮助——我的头脑中的演示通常和我第一次大声说出来的有很大不同。此外，当我听到自己所说的内容时，我才意识到，有些我能理解的东西对于那些不熟悉这个话题的人来说可能就无法理解了。如果你能让其他人听你预演一次就更好了。"

珍妮："哇，这对我非常有帮助，谢谢！"

你："不客气。也要感谢你坦率地表达自己，并愿意接受反馈。你知道，不是每个人都能做到这一点。"

珍妮："谢谢！"

请记住，这一公式并不适用于每一种情况，但希望你能以此为起点。

此外，在分享你的疑虑时，你应该让对方有机会做出回应。要知道，你可能会遗漏一些事情或者造成某些不快（在上面的对话中，珍妮本可以回击："我想练习，但是你扔给我那么多额外的工作，我没有时间！"）。不要关注对方是否错了；相反，专注于如何让事情变得更好。

一旦你在关系中建立起一定程度的信任，你就可以更坦率地提供纠正反馈。由于接收人认为你站在他们这一边，因此他们更有可能明白，你所分享的任何评论都符合他们的最佳利益。与这些人交谈时，你可以简单地问："你愿意听一些建设性的反馈吗？"然后简洁、和善地提出来。

最后，不要忘记：如果你看到有人取得进步，一定要告诉他们。这将强化他们的积极行为。

我从我的第一批老板中的一位那里充分了解到良好反馈的力量。马克脾气很好，也很有幽默感，通常专注于发现事情积极的一面以及寻找值得称赞的事。

但是当我们把事情搞砸时，他也会让我们知道。有时他会说："让我们出去走走。"而其他时候感觉更像是被叫到校长办公室，但我能感觉到马克是在关心我们。他希望部门取得成功，也希望我能够成功。多年以后，当我和一些老同事谈起这事时，我们的感觉都是一样的。

学会提供良好的反馈——正面和负面——会完全改变你对他人的影响。你不再是对员工一无所知而得不到信任的老板或者谁也无法取悦的配偶或父母。相反，你将成为一个努力关心别人的人，一个得到他人支持的人，一个让别人变得更好的人。

扎扎实实建立关系

美国的企业主管道格拉斯·科南特于2001年接任金宝汤公司总裁兼首席执行官时面临着一项艰巨的任务。"该公司的股票急剧下跌，"领导力专家和畅销书作家罗杰·迪恩·邓肯（Roger Dean Duncan）在《快公司》（*Fast Company*）里介绍该公司时写道，"在全世界所有大型食品公司中，金宝汤的表现最差。科南特面临着复兴公司这一艰巨的挑战。"①

对很多人来说，这几乎不可能完成。科南特自己将公司文化描述为"有毒的"。根据他的说法，员工气馁，管理失灵，信任几乎荡然无存。

然而，不知何故，科南特让不可能成为了可能。在不到十年的时间里，该公司的情况有了明显的好转，并且表现优于标准普尔500指数，销售额和收入也有所增长。由于该公司赢得了多个奖项，员工敬业度从财富500强中最差之一变为最佳之一。

那么，科南特是如何做到的呢？

简而言之，这位首席执行官专注于建立信任。他有效沟通，树立榜样，真诚而具体地给予赞美，并且信守承诺。

例如，在接任后不久，科南特就进行了一次署名实践：他把一个计步器用一条带子绑在他的步行鞋上，并与尽可能多的员工进行有意义的互动。"他的目标是每天10,000步。"邓肯说道，"这些与员工简短的相处有多重好处：帮助他随时了解整个公司的情况，使他能够亲自接触到各级人员并建立联系，还让人们更好地了解到公司的战略和方向。"

每天科南特还会给员工手写便条多达20张，来庆祝他们取得

---

① Rodger Dean Duncan, "How Campbell's Soup's Former CEO Turned the Company Around," *Fast Company*, September 18, 2014, www.fastcompany.com/3035830/how-campbells-soups-formerceo-turned-the-company-around.

的成绩。"大多数企业文化在庆祝员工的贡献方面都做得不是很好，"科南特说，"所以我发明了为员工写便条的做法。十多年来，我已写了30,000张，而我们只有20,000名员工。无论我在哪里工作，你都能在我的员工的小隔间里发现我的手写便条贴在他们的公告板上。"

邓肯从科南特的成功故事中总结出以下经验教训：

"信息很重要，重复很重要，清晰度很重要，人性化举措很重要……如今，信息时代已经演变为中断时代，像科南特这样的伟大领导者学会了通过新镜头来看待日常互动。每一次互动——无论是有计划的还是自发的，随意的还是精心设计的，在会议室还是在工人的工作场所——都是一次培养乐于变革的领导力的机会。"

而且，我们可以增加基于信任建立牢固关系的机会。

建造一座持久的桥梁

信任是幸福婚姻的基础，也是最佳团队的无形品质。这就是为什么你愿意听你的发型师或室内设计师的话。而伟大的公司也是通过信任建立起卓越的客户忠诚度的。

深刻、持久的信任需要我们在情感层面上与他人建立联系，但这不会在一夜之间发生，也不会偶然发生。当一个人能够证明他是值得信赖的时候，信任才会产生。信任是被证明了自己会帮助你而不是伤害你的那些人激发出来的一种信心——是对拒绝放弃船只的船长以及同他们站在一边的船员的信仰。有时，信任要求人们敢于打破常规；而有时，它只是意味着找到一种方法坚持下去。

但它总是出现。

你所兑现的每一个承诺，所表现出的每一次谦逊，所说的每一句真诚而具体的赞美，以及所展示的每一次共情都有助于建立深刻的相互信任的关系——就像无数看似微不足道的笔触构成了一幅美丽画作一样。

要注意：虽然信任需要花费数年来培养，但它也可以瞬间被摧毁：多年的诚实互信关系会被一个谎言毁掉；一次严苛的批评也可以永远地改变关系。

当然，谁都会犯错，所以当别人倒下时，请帮助他们站起来。如果你牢记自己的失败，你会发现，鼓励和扶持比起打击和摧毁更容易做到。通过选择专注于积极而巧妙地分享自己的经验，或者只是提醒对方每个人都有糟糕的一天，你不仅可以对糟糕的情况加以妥善利用，你还会赢得别人的信任，并且激励他们成为最好的自己。

Chapter

8

情商的阴暗面：

从绅士杰基尔到怪物海德①

· · · · · ·

行善的力量也是害人的力量。

——米尔顿·弗里曼德

---

① 杰基尔博士和怪物海德是电影《化身博士》（ *Strange Case of Dr. Jekyll and Mr. Hyde* ）中的人物。电影讲述了体面绅士亨利·杰基尔博士喝了自己配制的药剂分裂出邪恶的海德先生人格的故事，后来"Jekyll and Hyde"成为心理学双重人格的代称。——译注

20世纪中期见证了人类历史上一段最特别也是最可怕的发展时期。阿道夫·希特勒从一个不善社交的艺术家转型为军人，稳步爬上了德国的政治阶梯，在这一过程中树立起影响力。作为一个新上任的独裁者，他带领他的国家参加了第二次世界大战，并引发了一场历史上最大规模的种族灭绝行动。

　　希特勒是如何在一个民主国家掌权的呢？

　　第一次世界大战失败后，德国受到了极大破坏，并陷入混乱之中。经济摇摇欲坠，失业率高居不下。爱国者和退伍军人们觉得领导他们的政治家背叛了他们。希特勒为此找了一只替罪羊：成千上万融入德国社会但仍被看作外来者的犹太人。他将德国的问题归咎于这些移民和其他被边缘化的人群，并开始制订一项复兴德国的计划。

　　需要特别注意的是，希特勒能够利用恐惧、愤怒和怨恨这些负面情绪来获得民众的支持。希特勒是一个有天赋的演说家，他说话充满自信、魅力十足。尽管如此，他还是会一丝不苟地排练，一字一句地练习，并且一遍遍地设计和演练面部表情和手势。就这样，他把他的追随者哄骗得狂热起来。随着演讲吸引了越来越多的人，希特勒的名气和影响力也越来越大。[1]

　　最终，希特勒完全控制了政府的立法部门和行政部门，并利用这一权力瓦解了新闻自由，消灭了敌对政党，并通过了带有歧视性的法律。1934年，希特勒成为德国的独裁者。

　　"令人不安的是，希特勒早期的许多措施并非采用了大规模镇压这种手段。"[2]亚历克斯·亨德勒（Alex Gendler）和安东尼·哈泽德（Anthony Hazard）在短片《希特勒是如何掌权的？》（*How Did Hitler Rise to Power?*）中解释道。"他的演讲利用了人们的恐惧和愤怒来驱使他们支持自己和纳粹党。与此同时，希望站在公众舆论正确的一边的商人和知识分子也支持希特勒。他们向自己和彼此保证，希特勒的那些极端言辞只是为了引人注意。"

　　希特勒识别、激发甚至操纵追随者情绪的能力凸显出一个残酷而重要的事实：情商也有其阴暗面。

---

① Nick Enoch, "Mein Camp: Unseen Pictures of Hitler...in a Very Tight Pair of Lederhosen," *Daily Mail*, July 3, 2014, www.dailymail.co.uk/news/article-2098223/Pictures-Hitler-rehearsing-hate-filledspeeches.html

② Alex Gendler and Anthony Hazard, "How Did Hitler Rise to Power?" TED-Ed, July 18, 2016, https://youtu.be/jFICRFKtAc4.

突破阴暗面

迄今为止，我一直在关注高情商更积极的用途，比如它如何帮助我们掌控冲突或建立更深层次的关系。记住这一点很重要：情商就像智力一样，并不是一种与生俱来的美德，而是一件工具。

换句话说，情商可以用来做好事，也可以用来做坏事。

正如你所知道的，情商是一种运用情绪来告知和指导行为——通常是为达到一个目标——的能力。这些目标因人而异。例如，我们已经讨论了真诚而具体的赞美的好处，但是如果一个人赞美别人只是为了让自己获得更多的权力或让自己可疑的事业得到支持呢？如果他们利用自己表达（或掩饰）情绪的能力企图操纵他人呢？拥有权力或权威的人也可以使用恐惧和压力作为恐吓手段。

例如，试想以下场景：

· 公众人物或专家故意发表出格和煽动性的言论以获得媒体关注或获得追随者。

· 丈夫或妻子隐藏婚外情，以便同时与配偶和情人维持关系。

· 经理或员工歪曲事实或故意散布谣言以在心理上占优势。

在一篇研究论文中，一组管理学教授将这种行为与莎士比亚的《奥赛罗》中的反派伊阿古的行为做对较。他们将努力彻底摧毁自己的敌人的伊阿古描述为"一个在控制自己情绪的同时操纵他人情绪的人"。①

这就是我们所说的情商的阴暗面：利用对情绪的了解战略性地实现自私的目标，而很少或根本不关心他人的利益。就像一个高智商的人既可以成为一名有成就的侦探，也可以成为犯罪主谋一样，一个高情商的人也可以在两条截然不同的道路之间做出选择。

在这一章中，我们将探索情商的阴暗面。你将看到更多现实中人们利用自己影响他人情绪的能力谋取私利的事例。你会明白，为什么伦理和非伦理影响之间的界限并不总是那么清晰，以及一个有良好动机的人如何会变成一个彻头彻尾的操纵者、一个不诚实的伪君子。最后，我将描述一些他人可能用来破坏你的情绪的具体操纵方法，以及告诉你当他们这样做时如何保护你自己。

精神病患者、自恋者和操纵者

"精神病患者"一词可能让人们联想到连环杀手或大屠杀者。不过，"精神病"这一复杂的精神失调现象——传统上包括反社会行为、傲慢、欺骗和情绪共情缺失等特征——实际上比大多数人认

---

① Ursa K.J. Naglera, Katharina J. Reiter, Marco R. Furtner, and John F. Rauthmann, "Is There a 'Dark Intelligence'? Emotional Intelligence Is Used by Dark Personalities to Emotionally Manipulate Others," *Personality and Individual Differences* 65 (2014): 47-52.

为的更常见。

犯罪心理学家罗伯特·黑尔教授（Robert Hare）一生中大部分时间里都在研究精神病患者，并探索他们兴奋的原因。[1]在接受《每日电讯报》采访时，黑尔教授称精神病是"有维度的"，并表示，许多精神病患者往往与周围环境融为一体。"有些人的情况达到了进行精神病评估的标准，但其程度又不足以引发问题。他们通常是我们的朋友，有他们在身边很有趣；他们可能会时不时地利用我们，但通常效果不明显，他们也能够让其躲过我们的注意。"[2]

黑尔教授称，在某些情况下，精神病特征甚至会表现出对我们有利。例如，有些人因其个人魅力和操纵他人的能力而在工作场所表现出色。在某些情况下，经理甚至可能错误地将领导力归因于实际上的精神病行为。

"掌控、做决策以及让其他人做你所想的事情是领导力和管理的典型特征，然而，这些行为也可能是包装良好的强制、支配和操纵行为，"黑尔和合著者保罗·巴比亚克（Paul Babiak）在《穿西装的蛇》（*Snakes in Suits: When Psychopaths Go to Work*）[3]

---

[1] 黑尔是精神病检查表——修订版的创建者，该评估最常用于识别个体的精神病特征。

[2] Tom Chivers, "How to Spot a Psychopath," *Telegraph*, August 29, 2017, www.telegraph.co.uk/books/non-fiction/spot-psychopath.

[3] Robert Hare and Paul Babiak, *Snakes in Suits: When Psychopaths Go to Work* (New York: HarperBusiness, 2007).

一书中解释道，"有人可能会认为，对同事进行侮辱和欺骗最终会遭到纪律处分或解雇。然而，根据我们回顾过的案例，情况往往并非如此。"

当然，不是只有精神病患者会为私利误用情绪影响能力。

仔细想想以下的例子：

·一个德国科学家团队发现，表现出自恋特征（以极其自大、自我关注和自视过高为自恋的普遍模式）的个体往往通过幽默感和迷人的面部表情给他人留下更好的第一印象。[1]

·2011年的一项研究表明，情绪操控能力较强的"马基雅维利者"（显示出操纵他人以谋取私利倾向的人）更有可能做出不正常的行为，例如在工作中当众使某人难堪。[2]

·2013年的一项研究发现，那些倾向于利用他人谋取私利的人善于解读他人的情绪，尤其是消极情绪。[3]

---

[1] Mitja D. Back, Stefan C. Schmukle, and Boris Egloff, "Why Are Narcissists So Charming at First Sight? Decoding the Narcissism–Popularity Link at Zero Acquaintance," *Journal of Personality and Social Psychology* 98, no. 1 (2010): 132-145.

[2] Stéphane Côté Katherine A. DeCelles, Julie M. McCarthy, Gerben A. Van Kleef, and Ivona Hideg, "The Jekyll and Hyde of Emotional Intelligence: Emotion-Regulation Knowledge Facilitates Both Prosocial and Interpersonally Deviant Behavior," *Psychological Science* 22, no. 8 (2011): 1073-1080.

[3] Sara Konrath, Olivier Corneille, Brad J. Bushman, and Olivier Luminet, "The Relationship between Narcissistic Exploitativeness, Dispositional Empathy, and Emotion Recognition Abilities," *Journal of Nonverbal Behavior* 38, no. 1 (2014): 129-143.

为了说明这种行为如何大规模地侵染文化，我们来看一下美国一直以来口碑最好的一家公司遭遇的麻烦。

从情绪破坏中获利

2016年9月，有消息称，世界上规模最大、最成功的银行之一富国银行的员工通过各种非法商业行为公然欺骗了数百万名客户：秘密申请超过565,000张客户从未申请的信用卡；开设约350万个未经授权的银行账户，从客户那里赚得数百万美元；以提供额外服务为名创建欺诈性电子邮件账户签约客户；未经允许在账户之间来回转移客户的资金。

针对这些行为，消费者金融保护局对富国银行罚款1.85亿美元。富国银行还同意支付约1.1亿美元的集体诉讼费（除了数百万的法律费用）。这使其声誉受到巨大、长期的损害。

在今天残酷的商业环境中，不难想象一些无德员工做出不道德的行为，但你可能还是想知道：这五千多人是如何卷入这一大规模的无耻骗局之中的呢？

一项对公司销售实践的独立调查得出了一个有说服力的结论：

"销售实践失败的根本原因是社区银行的销售文化和绩效管理系统的扭曲，当该系统与激进的销售管理相结合时，会给员工施加压力，向客户出售他们不想要的和不需要的产品，在某些情况下，还包括开设未经授权的帐户。"[1]

"经理们指着我的鼻子大吼大叫，"2013年在休斯敦富国银行担任持牌个人理财顾问的萨布里纳·伯特兰（Sabrina Bertrand）说道，"他们希望我为那些甚至无法管理原始支票账户的人开设双重支票账户。来自管理层的销售压力难以忍受。"[2]

在富国银行公司旧金山总部分公司工作的埃里克表示，管理层不断向员工施压，要求他们售出更多的银行产品（账户、信用卡、贷款）。那些努力完成日常配额的员工"被训斥，并被告知要为此采取一切手段"。

"我曾多次看到我的同事由于压力过大而崩溃，"他说道，"他们眼泪不断，哭泣不止，多次被拉进密室进行一对一指导。"

一位名叫莫妮卡的员工也曾在总部分公司工作，她向我们描述了这些令人痛苦的指导会议。两名经理将莫妮卡护送到一个没有窗户的房间里，然后锁上门。他们叫她在一张大会议桌旁坐下，递给她一份"正式警告"，并要求她签字。

---

[1] Independent Directors of the Board of Wells Fargo & Company Oversight Committee, *Sales Practices Investigation Report*, April 10, 2017.

[2] Matt Egan, "Workers Tell Wells Fargo Horror Stories," CNN Money, September 9, 2016, http://money.cnn.com/2016/09/09/investing/wells-fargo-phony-accounts-culture/index.html.

"如果你没有达成目标，你就不再是团队中的一员。"经理们说道，"如果拖累了团队，你就会被解雇，这将写在你的个人永久记录上。"二十出头的莫妮卡表示，她担心她的职业生涯一开始就是错的，特别是在这金融危机期间。"你会十分沮丧，感觉没有其他雇主想要你，因为你会毁了他们的事业。"[1]她说。

在富国银行发生的事情看起来和情商无关，但事实是，公司的领导层采取了情绪操纵和欺骗行为——情商的阴暗元素——来实现他们的目标。很难估计富国银行将赔偿多少，但至少有两位在丑闻中被判有罪的高管离开了公司[2]，并返还了数百万美元。[3]

这些故事的重点不在于不道德的行为，而在于富国银行被发现其巨大的欺骗网络，整个公司也因此而蒙羞。不幸的是，每天仍有无数人通过情绪操纵获得暴利，并侥幸逃脱。

所有的情绪操纵都很容易被发现吗？

---

① Chris Arnold, "Former Wells Fargo Employees Describe Toxic Sales Culture, Even at HQ," NPR, October 4, 2016, www.npr.org/2016/10/04/496508361/former-wells-fargo-employees-describe-toxic-sales-cultureeven-at-hq.

② Jen Wieczner, "How Wells Fargo's Carrie Tolstedt Went from Fortune Most Powerful Woman to Villain," *Fortune*, April 10, 2017, http://fortune.com/2017/04/10/wells-fargo-carrie-tolstedt-clawback-net-worthfortune-mpw.

③ 根据《财富》的说法，考虑到福利和总薪酬，富国银行前首席执行官约翰·斯顿夫（John Stumpf）被要求退休时返还从富国银行获得的1.74亿美元的40%。前消费者银行业务总监卡丽·特施泰特（Carrie Tolstedt）被要求退还其1.25亿美元薪酬包的54%。

保护好自己

影响情绪可采用多种形式，例如以下几个例子：

观看商业广告时或进入任何商店后，你会体验到零售商如何千方百计地说服你购买产品。市场营销部门每天花费数百万，用巧妙的语言和美丽的图像轰炸你，所有这些设计都是为了在情绪层面刺激你，激发你对最新和最好的产品的渴望，让你觉得你必须在这一秒获得他们的产品。公司收集大量数据，就是为了跟踪你的一举一动，这样他们就可以让广告更加个性化，鼓励你购买更多产品。

公司领导经常利用情绪的力量来实现他们的目标。在一项关于情绪行为的研究中，斯坦福大学教授乔安妮·马丁（Joanne Martin）和她的团队对跨国零售商"美体小铺"的员工进行了调查。[1]有一次，公司创始人和前首席执行官阿尼塔·罗迪克（Anita Roddick）发现一名员工在受挫时容易情绪失控并哭泣。这位首席执行官把这看作战略机遇，并告诉这名员工，这种情绪"必须加以利用"。然后，罗迪克鼓励这名员工表达这种情绪，并特别指导她在即将召开的会议上何时哭泣。

---

[1] Joanne Martin, Kathleen Knopoff, and Christine Beckman, "An Alternative to Bureaucratic Impersonality and Emotional Labor: Bounded Emotionality at The Body Shop," *Administrative Science Quarterly* 43, no. 2 (1998): 429-469.

2012年，脸书进行了一项为期一周的实验，以了解用户如何回应新闻配置的变化。公司向一些用户展示被认为更令人感到愉悦、积极的内容，而向另外一些用户展示被认为更加消极的内容。当实验细节被揭露时，大众感到十分愤怒，他们认为脸书的实验是公然的情绪操纵行为。[1]

当然，每天你都会面临有些人有意影响你的行为，但是大多数的尝试和以上这些相比就显得很平凡。有时，这种尝试是显而易见的：一个浪漫的伴侣在没有如愿以偿时会闷闷不乐；一个同事发脾气，试图影响他的老板。而有时，这种尝试会更加微妙，甚至可能会用到我们在前面章节中讨论过的一些工具和方法。

于是，我们可能会问：如何有效应对别人对自己施加影响的行为？

这就是你的社会意识技能发挥作用的时候了。例如，准确感知他人管理情绪的能力可以用作一种自我防御机制——这是一种"情绪警报系统"，可以提醒你，有人试图操纵你的感受，让你以一种不符合你的最佳利益或与你的价值观和原则相冲突的方式行动。

---

[1] Robinson Meyer, "Everything We Know about Facebook's Secret Mood Manipulation Experiment," *Atlantic*, June 28, 2014, www.theatlantic.com/technology/archive/2014/06/everything-we-know-about-facebooks-secret-mood-manipulation-experiment/373648/#IRB.

让我们探讨一些人们用来利用你的情绪的不道德的方法，看看你自己的情商如何能对抗它们。

恐惧

一些操纵者努力创造或者引发恐惧来恐吓你采取某种行动。他们或巧妙地通过欺骗或夸大事实，或直接威胁甚至辱骂你来达成目的。

试着这样做

努力识别出他人利用恐惧来影响你的感觉和行动的情况。我们往往对未知心存畏惧，因此，在做出判断或决定之前，先调查研究事实，考虑反对意见，努力看清事物的全貌。如果你受到操纵，不要独自面对，一定要向你信任的人寻求帮助。

完全消除恐惧是不可能的，但是识别恐惧，并为面对恐惧做好准备，可以激发出我们的信心。

愤怒

在第二章中，我概述了一些处理负面情绪的方法。那么如果有人故意激怒你，该怎么办呢？这个人可能是想要把你赶出游戏的竞争对手，或者是寻求关注和找乐子的网上挑衅者。

十几年来，德鲁·布兰农博士（Dr. Drew Brannon）为运动员、团队和教练提供有关如何应对场上脏话（竞争对手用来挑战对方信仰或者挫败其信心的言论）的建议。"如果有人企图激怒你，"布兰农告诉我，"你就应该在某些方面对自己产生信心，因为这就证实了你的确对于他们和他们的目标来说是个威胁。"①

如果有人成功操纵了你，可能会使你做出不太理性或者事后后悔的决定。

试着这样做 ————————————————————

你选择如何与这些人打交道在很大程度上取决于现实情况和你所希望得到的东西。比如，如果与竞争对手打交道，事先考虑并准备好如何应对企图激怒你的行为会很有帮助。布兰农称这种技能为"绿光"（Green Light）。

"我教客户运用这种技能制订计划，也就是应对这些垃圾言论的套路。"布兰农说道，"有了这种预先设定好的回答方式，当你

————————————

① Drew Brannon, interview by author, January 21, 2018.

的对手发表这些言论时，你就能知道，你该朝哪方面思考，而这也会帮助你专注于你手头的任务。'绿光'技能之所以有用，是因为当我们知道我们有能力应对挑战的时候，我们大脑的运作能达到最佳。当那一刻来临时，按照之前的训练做即可。"

你也可以用类似的方法应对网络挑衅，尤其是在这些挑衅匿名发布的情况下。虽然我通常不太鼓励与网络挑衅或者人身攻击对战，但是在特定的情况下你可能倾向于这样做。（记住，很多挑衅者不是真实用户——可能是电脑程序生成的聊天机器人或者是被雇来播下不和谐的种子，并影响公众舆论的人。）在这些情况下，巧妙地利用在第六章中所概述的影响工具（展示个人兴趣、沟通时相互尊重、共情说理），能够帮助你尽可能有效地应对这类人。如果对方继续进攻，你就该忽视他们的言论，并继续前行了。

兴奋

最近的事件使人们开始关注虚假故事以前所未有的速度传播的潜力。谣言和错误信息是老生常谈的问题，但是现代技术使得这种不真实以更快的速度传播给更多的人。

人们通常会在阅读或观看强化自己情绪的故事或视频之后，通过社交媒体或其他渠道将其分享出去。分享的人越多，故事的可信度就越高。此外，想想迅速发展的传媒界——众多出版商的资金来自点击付费广告。一篇文章的读者越多就意味着客户越多（以及收入越多），而这则导致产生更多煽动性和观点偏激的报道。

其结果是，越来越多的人试图操纵他人情绪。个体或特殊利益集团往往会助长虚假或带有偏见的言论的势头，他们的目的要么是传播他们的个人意识形态，要么是在经济上受益。

试着这样做 ————————————————————————————

与其立即相信或分享一则故事、一幅图像或一段视频，不如先考虑以下几点：

1. 信息来源是什么？

如果来源是匿名的，则很难确定所呈现内容的真实性。历史记载的信息和可追踪的信息通常更可靠。

"还要警惕那些盲目引用其他组织机构的信息而没有可靠消息来源的组织。"《纽约时报》数字运营助理主编伊恩·费希尔（Ian Fisher）说，"他们这么做时冒的风险不是很大。他们总是说：'噢，那是他们干的，不是我们。'"[1]

2. 信息背景是什么？

即使你读到一句直接引用的话，或者听到（或看到）一个人说

————————————

[1] "The Breaking News Consumer's Handbook," *On the Media Blog*, WNYC, September 20, 2013, www.wnyc.org/story/breaking-news-consumershandbook-pdf.

话或采取行动，如果你不知道了解背景，你也很难理解整体情况。这个人想表达的总体观点究竟是什么？有什么情有可原的情况会对你所看到或听到的事情有所影响呢？解决这些问题可能有助于你在发表评论前更好地了解情况。

3. 它有多耸人听闻呢？

如果一个故事让人难以置信，那么很有可能它的确不可信。①

此外，衡量任一第三方报道的偏见程度也是很重要的。该叙述是否只表现了故事的一面？它是在竭尽全力地试图称赞或诋毁他人吗？如果故事传播开来，谁会从中受益？消息提供者是否有不可告人的动机？

4. 其他来源如何报道这个故事？

"如果一家新闻机构说'我们可以证实这样和那样的事情已经发生了'，那么请注意其他网络媒体怎么说，"高级策略师安迪·卡文（Andy Carvin）说，"因为理想情况下，你可以对这些信息进行三角化处理，从而得到一些真理。因此，你拥有的证明事

---

① 2017年，《卫报》报道了"一种新的视频和音频操纵工具通过人工智能和电脑绘图领域的进步成为现实"——这为创建基于欺骗行为的逼真镜头提供了条件。例如，斯坦福大学开发的一款软件被用于操纵公众人物的视频片段。这款软件可以捕捉人们对着网络摄像头说话时的面部表情，然后变换图像，将捕捉到的表情直接放到原始视频里的公众人物的脸上。同样，使用另一款软件，一个团队就能够截取一段三到五分钟的播放受害者声音的音频（比如从优兔网的一段视频中摘取一段），并创造出相似度极高的声音——甚至可以骗过一些银行和智能手机使用的语音生物识别安全系统。其造成的结果就是，公众人物在那些逼真的视频中说出他们在现实中从未说过的话。

情发生的实例越少，你就越应该对信息保持警惕。"[1]

5. 我真的需要分享它吗？

记住你已经学过的工具，包括暂停和提问：这需要说吗？这需要我说吗？这需要我现在说吗？

仅花几分钟就可以防止自己传播虚假信息，避免之后撤回或删除信息。

困惑

有时，一些人可能会试图通过使你感到困惑而赢得优势。有多种方法可以做到这一点：他们可能会加快语速，使用一些你不熟悉的词或一直否定一些你所认可的真理。

试着这样做 ────────────────────────────

如果你不清楚某件事，就让对方放慢语速或者重复他们刚刚说的话。然后，继续问问题，直到你弄清楚为止。你也可以用自己的话重述他们的观点或者让他们举出例子，这可以让你重新掌控对话。最后，不要害怕向你信任的人寻求第二种和第三种意见。

──

[1] "The Breaking News Consumer's Handbook," *On the Media Blog*.

互惠

简单来说，互惠性描述了我们对回馈那些为我们做了某些事情的人的渴望。如果有人给我们买了礼物或帮了个忙，我们就感觉有义务做出相应的回应。

问题在于，有的人使用"互惠法则"来利用别人，正如心理学家罗伯特·西奥迪尼（Robert Cialdini）在他的经典畅销书《影响力》[1]中解释的那样："因为人们普遍讨厌那些得到利益却不予以回报的人，所以我们常常不遗余力地避免被人们认为是那样的人。"他说，"在这个过程中，我们总是被'索取'，被那些从我们的亏欠中获益的人'索取'。"

例如，有的人可能只付出一点点却想寻求更大的回报；或者，他们可能会送你厚礼或对你说些溢美之词，但仅仅是为了讨好你或者影响你。

试着这样做 ————————————————————

小心送你礼物或向你施与恩惠的人，提防那些只因想得到回报而施恩的人。这样做的目的并不是拒绝或怀疑所有的慷慨之举，从而错失体验别人真正善意和帮助的机会；相反，这是为让你考虑到

---

[1] Robert Cialdini, *Influence: The Psychology of Persuasion*, rev. ed. (New York: Harper Collins, 2009).

你与施与恩惠之人的关系，以及他们可能的动机。

此外，训练自己识别他人如何利用互惠法则可以加强你的情绪韧性，从而避免被玩弄。

社交认证与同伴压力

当人们感到不确定时，他们会将目光转向他人的所作所为来获得认证，以帮助自己做出决定。这种社交认证可以发挥积极的作用，因为它有助于避免产生不规范的行为。

然而，有时，一个人或一个团体可能会利用社交认证迫使你违背自己的价值观或原则来行动。例如，想想那些以"每个人都在这样做"为理由说服队友服用兴奋剂的职业运动员。

试着这样做 ─────────────────────────────

如果你一直花时间重新审视和反思自己的价值观，你就可以形成一种让你即便面对来自其他人的压力也会坚守自我的信念感。此外，使用第二章中所讨论的技巧（比如暂停和快进）将帮助你仔细思考自己的决定——而不是随波逐流，朝着错误的方向而去。

被动攻击行为

被动攻击行为是指以一种不自信或"被动"的方式来表现负面感受、怨恨和进攻的行为。它的特点是一直拖延或回避情感谈话，或以微妙的评论和行动来表示不满。

它包括以下几种行为：

· 拒绝承认愤怒等真实感受

· 生闷气

· 沉默以对

· 口头上顺应他人，但不采取后续行动（或为摆脱任务这一明确目的采取拖延战术）

· 故意以低于预期的方式执行任务

· 表现出无知

· 冷嘲热讽

· 以讽刺的方式做出回应

许多经常采取被动攻击行为的人甚至可能没有意识到他们在这样做，但这并没有让他们的行为变得更容易忍受。

试着这样做 ─────────────────────

《愤怒的微笑》（*The Angry Smile*）一书的合著者西涅·惠特森（Signe Whitson）建议，应对被动攻击行为问题的唯一方式是正视它：

"它不是挑衅的、有意激怒对方的、逼迫别人承认他们所做的事情的独裁主义策略，而是一种安静的、反射性的口头干预技能，使一个人能够温和却开诚布公地分享他对对方行为的想法和未表达出的愤怒。"①

如何正视它？一定要清楚地表达出你的感受和期望。如果你觉得自己知道对方攻击你的具体原因，一定要具体地问一问是否这就是困扰他们的原因。如果他们否认，相信他们的话，但要温和地让讨论进行下去。主动为你所做的任何可能伤害到对方的事情道歉，并询问自己能做些什么来让情况变得好一些。

一旦发现问题，就共同商讨出一个能让双方都满意的方案来让事情进行下去。

爱情炸弹

精神病学家戴尔·阿彻（Dale Archer）写道："爱情炸弹试

① Signe Whitson, "6 Tips for Confronting Passive-Aggressive People," *Psychology Today*, January 11, 2016, www.psychologytoday.com/blog/passive-aggressive-diaries/201601/6-tips-confronting-passive-aggressive-people.

图通过过度关注和过分表达爱意来影响他人。"①他解释说，在健康的恋爱关系中，爱的表达稳定不变，并且言行一致。而爱情炸弹通常包括"注意力的突然转变，从情深似海到控制和怨恨对方，追求的一方会提出过分的要求"。

阿彻和其他医学专家已经将"爱情炸弹"认定为一种武器，一种心理操纵形式，可被用来维持在一段关系中的权力和控制力。皮条客和帮派头目借此来鼓励手下忠诚和服从，邪教领袖一直在用它来强迫追随者集体自杀，还有很多人用它来虐待自己的伴侣。

试着这样做 ————————————————————————

在一段关系中建立信任是需要时间的，因此要当心这种人：经常试图打击你的自我意识，把关系推至你还没有准备好去迎接的程度，或者猛然流露出热情和爱意，但当他没有达到目的时，很快就大发雷霆，或者找到其他方法来"惩罚"你。

如果一段关系发展得太快，不妨放慢脚步。要敢于在适当的时候说"不"。如果你觉得自己已经深陷一段不健康或受虐待的关系中，可以和你信任的家人或朋友谈谈，或寻求专业帮助。

————————————————————————————————

① Dale Archer, "Why Love-Bombing a Relationship Is So Devious," *Psychology Today*, March 6, 2017, www.psychologytoday.com/blog/reading-between-the-headlines/201703/why-love-bombingin-relationship-is-so-devious.

当然，以上只是操纵情绪的部分技巧，这份名单还远远不够详尽。你怎样才能保护自己不受类似手段的影响呢?

要知道，知识就是力量。通过学习他人利用情绪困扰你的不同方式来建立自我意识和社会意识，然后运用你在本书中学到的各种技巧，努力用扎实的说理和理性的思考来平衡你的本能和情绪反应。

如何对抗这种对情商的恶意使用呢？

答案是，努力提高自己的情商。

勇气和坚忍如何创造一个引爆点

最近，在现实生活中，很多勇敢的女性（以及一些男性）站出来谈论职场性骚扰和性侵犯，这让我们目睹了一场情商"黑白"两面之间的较量。

在很大程度上，是《纽约时报》的一篇文章引发了这场大规模的清算。该文章报道了针对好莱坞著名制片人哈维·韦恩斯坦的大量性不端指控。多位女性表示，韦恩斯坦利用他在电影行业的权力和影响力，试图强迫她们提供性服务。[①]

在接下来的几周里，针对歧视女性行为的指控呈指数增长——从利用恐吓手段到公然骚扰甚至直接侵犯。随着指控越来越多，几十位各行各业有权势的人辞职或遭解雇，导致了后来被称为"韦恩斯坦效应"的现象。

最后，我们迎来了一个真正的转折时刻。数百万人在社交媒体上使用"#MeToo"这个主题标签来表达自己的心声——女性权益倡导者塔拉纳·伯克（Tarana Burke）发起了这个主题标签，女

---

① Jodi Kantor and Megan Twohey, "Harvey Weinstein Paid Off Sexual Harassment Accusers for Decades," *New York Times*, October 5, 2017, www.nytimes.com/2017/10/05/us/harvey-weinsteinharassment-allegations.html.

演员阿莉莎·米拉诺（Alyssa Milano）则把它推广开来。[1]无数受害者受到鼓舞，走上前来分享自己遭受虐待的经历，将一场无声的"流行病"推到聚光灯下。朋友、家人和同事开始谈论这个问题——包括它的原因以及如何防止。

为什么是现在？为什么这个可怕的问题突然受到关注，而在过去那么多年里无人问津？

这很难说。似乎是历史导致了这一刻的发生。

多年以来，很多女性由于各种各样的原因不敢说出自己的经历：比如害怕不被认真对待（或不被相信），或害怕受到羞辱、嘲笑或报复。她们担心，某个时刻——一个强加在她们身上的时刻——会定义她们的余生。

在过去的几十年里，越来越多的女性公开表示反对性不端行为。反过来，这些女性又激励其他人分享他们的故事。随着这些对话越来越多，许多受害者意识到，他们并不是孤身一人，而是一个为数众多的群体中的一员。

这些声音汇合在一起，变得越来越响亮，直到形成巨大的爆裂声，最终冲破堤坝。

作家索菲·吉尔伯特（Sophie Gilbert）在为《大西洋月刊》

---

[1] Cristela Guerra, "Where Did 'Me Too' Come From? Activist Tarana Burke, Long before Hashtags," *Boston Globe*, October 17, 2017, www.bostonglobe.com/lifestyle/2017/10/17/alyssa-milano-credits-activist-tarana-burke-with-founding-metoo-movement-years-ago/o2Jv29v6ljObkKPTPB9KGP/story.html.

（*Atlantic*）撰写的一篇文章中雄辩地写道：

"要对抗性骚扰普遍存在的大环境，仍有大量的工作需要去做。女性被贬低、削弱、虐待，有时甚至被完全赶出自己的行业，但把这个毒瘤公之于众本身就是革命性的。"[1]

对抗情商的负面力量

在某些时候，你会遇到那些试图利用情商阴暗面来谋取私利的人。其中一些人是有目的地要阴谋和操纵他人，而另外一些人只是认为他们在努力达成目标。无论是哪种情况，你一定要知道：你可以控制自己的情绪反应。

愤怒和恐惧这样的情绪会造成很大的伤害，特别是当你在尚未了解事实的情况下急于做出判断的时候。一旦你感情用事，保持客观就变得更加困难。这就是为什么你一定要在情绪激动的时候保持大脑的理性思维运转下去，以确保你的想法是基于事实的。

要明确一点，我不是在怂恿你猜忌多疑，也不是让你与这个世界为敌。我只是建议你保持谨慎，甚至是怀疑——在必要的时候。与其把每一次遭遇看成零和游戏，不如把它们看成学习的机会——提高自己的情商的机会。当你发现某人能唤起你强烈的情绪时，认

---

[1] Sophie Gilbert, "The Movement of #MeToo," *Atlantic*, October 16, 2017, www.theatlantic.com/entertainment/archive/2017/10/the-movement-of-metoo/542979.

186

可这种能力的同时要努力保持自己言行的平衡。一旦你平静下来，重新审视"什么"和"为什么"：是什么话语或行动激起了你的情绪？他们为什么这样做？影响者的真正动机和愿望是什么？

被他人说服、激励和影响可以是一件好事——只要其造成的结果不违背你的价值观。如果不是这样——如果你发现你上当了或者受伤害了——尽力去反思你哪里出错了，以及如何才能避免重犯这个错误。通过练习，你会不断建立起自我意识和社会意识，更好地控制自己的想法和行动。如此一来，你将不会成为自己情绪的奴隶，即使是一个老练的操纵者也很难利用你。

最重要的是，要知道，保护自己不受情商的有害影响最好的方法是努力提高自己的情商。

不过，要注意，你管理和影响情绪的能力增强的同时也变成了一种权力的来源——而权力会腐化。正如我们所看到的，世界上最臭名昭著的一些人已经展示出高情商的迹象——至少是它的某些特征。是利己主义驱使他们提高这些技能的吗？还是他们的情绪能力助长了他们的利己主义？在什么情况下，试图操纵他人情绪是不符合伦理道德规范的？

通过思考这些问题，我们得知，情商只是问题的一部分。

努力提高情商并付诸实践，但不要以牺牲自己的原则为代价。相反，用你的道德罗盘指引你努力的方向，用伦理和价值观指导你的发展。

按照以上说的去做，你就有希望不受情商阴暗面的影响。

Chapter

9

继续前行：
拥抱情绪之旅

· · · · · ·

你很美，因为你觉着自己很美，而这确实是一件勇敢的事情。

——月申姬（Shinji Moon）

在这本书中，我一直在努力解释为什么情商如此重要，并教授了一些具体的方法来帮助你提高情商。正如你所看到的，虽然了解情绪及其运作方式至关重要，但更重要的是能够有效地运用这些知识来实现你的目标。

亲爱的读者，通过阅读此书你已经知道，花时间向自己和他人提出正确的问题是如何帮助建立自我意识与社会意识的，以及学习控制你的想法是如何帮助你更有效地管理情绪的。你不仅了解了什么是情绪劫持，还知道了如何摆脱它，以及为什么你应该把几乎所有的反馈都看作礼物——因为它们为你提供了学习和提高的机会。

你很有希望已经掌握了一些实用的知识，这些知识可以帮助你制定未来情商发展策略。例如，通过养成健康的习惯来取代那些不良习惯，你可以前摄性地塑造自己的情绪反应，从而有效地重写大脑。同时，通过展现真实、谦逊和尊重他人等品质，你也可以激励他人表现出同样的品质。不要忘记情商共情的价值——它能建立融洽关系，帮助你与他人建立联系，同时不会造成情绪衰竭。

接下来，我鼓励你去寻找情商在日常生活中的各种表现方式。

它也许在你最喜欢的咖啡师身上体现出来，他的微笑和谈话技巧总能让你心情愉快；也许在你的朋友、家人或同事身上体现出来，他们总是乐于倾听你的心声，并对你产生共情。

你也可能从一个小孩子的行动中看到这一点。一天，我的小儿子发现我有点不对劲，就在我旁边坐下，轻轻地用胳膊搂住我的肩膀，直视着我的眼睛，然后说："爸爸，我爱你。"简单几个字足以瞬间改变我的心情。

然而，正如你所了解的，别人表现出的情商并不总能带给你一种温暖、愉悦的感觉。它可能会以一种很不好的方式作用在你身上，比如一个同事逼迫你按他的要求行事，或者一个网上挑衅者试图激怒你。当这种情况发生时，记得应用你所学到的知识。

当你继续情绪之旅时会发现，很多时候我们的感受是矛盾的。我们所有人都经历过爱与恨、喜与悲以及勇气与恐惧的交加。基于这个共同点，我们应同作为人类紧密联系在一起。然而，这些相同的情绪往往会引发冲突，最终让我们彼此分离。如果说这些年来我学到了什么，那就是，我们的相似多过不同，而这些不同又给我们提供了学习的机会。

以我的朋友吉尔为例，大家都知她直言不讳，想到什么就说什么，而有时这会带给人不好的第一印象或造成失礼。吉尔通常并没有意识到她的话对别人的影响，缺乏社会意识有时也会伤害到她自己。

吉尔的冲动型沟通风格也可以是一种优点。如果有什么不好说的，吉尔能毫不费力地讲出来——比如，如果对方有口臭，她就会让他找一颗薄荷糖吃。她也不怕表露自己的情绪，而这导致了一个令人好奇的结果：别人都被她所吸引。很多人欣赏吉尔的真诚，因为这种真诚通常是善意的。他们和吉尔在一起时感觉很舒服，因为他们都知道，与她相处时可以放下戒备。

随着时间的推移，我意识到，这些特征赋予吉尔以一种少有人能做到的方式接触他人的能力，一种能激励和影响他人的力量。几乎所有认识她的人都很喜欢她，乐于跟随她。

作为一个天生在对抗中挣扎的人，我从吉尔身上学到了很多。她教会我为别人好而直言不讳的价值——即使这样做一开始会让人不舒服。而在我继续赞美考虑周全的交流带来的益处时，吉尔又教会我不要过度思考自己的言行。

这是你必须努力记住的：情商会不分性别、情境、性情、身份地展示出来——男人或女人，安静或吵闹，傲慢或谦逊，领导者或追随者。

在你意识到自己的情绪倾向和弱点时，努力向那些与你截然不同的人学习。

因为在很多情况下，恰恰是那些与你截然不同的人能教会你最多。

结语

我们的情绪实实在在地影响着生活的方方面面。它决定了我们是否喜欢一部电影、一首歌或是一件艺术品，助力我们决定选择哪条职业道路、申请哪份工作，也影响着我们有关将住在哪里、住多久的决定，还助我们决定与谁共度时光、与谁约会、与谁相爱并结婚……以及把谁抛在身后。

情绪会让我们在瞬间做出决定，而其后果将伴随我们度过余生。有时，即使在其他人眼里我们已经成功了，情绪也会让我们觉得自己被困在一个黑洞里而无路可走。然而，情绪也能在隧道的尽头提供光亮，让最可怕的情况变得更容易忍受。

情绪决定了我们如何选择领导我们的人，以及领导者如何选择我们。情绪让每一场战争熄火后再被挑起，让每一份和平条约签署后又被摧毁。

这正是情商如此宝贵的原因。

记住，情商不是指当每一种感觉发生时去理解它，每一起事件发生时去剖析它。它是指更深层次地理解对你有益的时刻，或是享受对你不利的时刻的能力。

情商学习是没有终身证书的。就像不常练习的音乐家很快就会生疏一样，忽视自我反省和观点采择会让你失去本有的能力。常常是在你觉得自己已掌握了情商某一方面之时会犯下最大的错误，而根据你如何处理这些错误会判定出你的情商水平。这时，如果你愿意，反思和练习将产生令人惊讶的洞见和顿悟，让你变得更好。

当这些发生时，请用这本书结尾处的联系信息与我分享。毕竟，我们都是学生，要继续互相学习。

因此，继续学习这些经验，继续努力学习驾驭情绪的强大力量，以免成为自己情绪的奴隶。不断探索知识，提高理解水平，让自己变得更好。利用这些知识来保护自己，远离那些试图利用你和你情绪的人。

最重要的是，要记住，情绪是很美的，是情绪让我们成为人类。

享受情绪，热爱情绪，拥抱情绪。

但永远不要低估情绪的力量，以及情绪带来伤害的潜力。

学会与这些基本事实和谐相处，你一定会让情绪服务于你，而不是与你作对。

附 录

关于情商的十条箴言

1. 慎思汝之感受

若要了解情商，斯问题必得而解之：

·我在情绪方面强在何处，弱在何处？

·我的沟通模式是什么样的，别人如何描述我的沟通模式？

·我当下的情绪如何影响我的思考和决断？

·在何情何景之下情绪会对我产生不利影响？

思考这些问题可以帮助你建立自我意识，从而使你能够洞察自己的内心，驾驭情绪为汝所用。

2. 兼听则明，偏信则暗，学会从不同角度思考问题

当你倾听别人的时候，勿把注意力放在对错之上，而须理解不同观点的差异在何处，导致这种差异的原因是什么。

兼听则明，因此要学会接受负面反馈，这会使你看到事物的全貌而不至于遗漏，从而使自己得到更大提升。

3. 三思而后行（言）

三思而后行（言），言易而为难。勿苛求完美，坚持三思而而后行（言）会让你避免尴尬，挽救你的人际关系。

4. 学会共情，感同身受

勿随意评价他人或贴标签于他人，学会透过现象看本质。即使你不同意对方的观点，也要带着理解的态度去理解对方及其观点。你需要问自己一个问题：为什么他会这么想，背后究竟有着什么原因？

共情可以帮助你影响别人，也可以帮助你与他人建立更深层次、更牢固的关系。

5. 学会赞扬

人们都希望得到他人的赞美和认可。当你对对方表达欣赏之情时，无形中就已经满足了对方渴望被认可的心理，在此过程中也建立起了彼此间的信任。

记住，每个人都值得被赞美。看到他们身上的闪光点，并告诉他们你很欣赏，这在无形中就会激励他们成为最好的自己。

6. 学会道歉

"对不起"恐怕是最难说出口的三个字，也可能是最有分量的三个字。

适时承认错误并道歉会让他人感受到你的真诚和谦逊，从而使你变成一个更有魅力的人。

7. 学会原谅

拒绝原谅无异于重揭伤疤，这意味这你永远不给伤口愈合的机会。学会原谅，忘记过去也意味着卸下包袱，轻装开启新的旅程。

8. 学会真实坦诚

真实坦诚的人会同别人分享自己的真实感受和想法。他们知道不是每个人都同意自己的想法，但那也没关系。他们也意识到自己并不完美，但是他们愿意展示这些不完美，因为他们知道没有人是完美的。

真实坦诚并不意味着将你的一切都与他人分享，而是指言由其衷，心口相一，坚持自己的原则和价值观。

9. 把控你的想法

当你身处负面环境时，你可能无法有效控制自己的感受，但是通过专注于自己的想法，你可以控制自己对感受的反应。

当你专注于自己的想法时，你便不会被情绪裹挟。承认自己的感受，控制自己的行为，让自己的言行不背离自己的目标和价值观。

10. 学无止境

学习情商的目标不是让你变得十全十美或者把你的情商提高到一个新的层次。恰恰相反，往往是你觉着自己已经完全掌握了前九条而扬扬自得的时候，反倒会犯下最大的错误。你应对错误的方式决定了你的情商究竟几何。

情商是把双刃剑，情商能给人带来"善"，但也永远不要低估它的"恶"。学会驾驭情商为你所用，而非为情所困。

致　谢

　　回想起来，有关情绪的话题总是让我如此着迷。这可能源于我性格迥异的父母。我在性格上更像我的母亲，她从不掩饰自己的情绪。她喜欢笑，总能发现生活中的乐子；她喜欢哭，生活中的一件小事就会让她感动落泪。我继承了她的敏感，这也塑造了今天的我。母亲让我懂得了共情的可贵，对此我会永远感激。

　　而我的父亲则不同，他追求掌控感，善于通过讲故事激发别人的情绪，他的故事总能引人入胜，并且水到渠成地揭示出一个伟大的道理。这种控制欲也使他隐藏自己的部分真实情绪，让自己在外人面前看起来坚强。（直到今天我也从未见过父亲落泪。）通过我的父亲，我明白了一个道理：作为人，我们都有相似的情绪，但是我们表达情绪的方式因人而异。

　　我的姐姐是一个坚强、美丽的女人，她敢于直面严峻的挑战，迎难而上，在她的字典当中从来没有"放弃"二字，所有的困难与挑战只让她学会了"坚忍不拔"。她也教会我这么去做，她的自信强烈地鼓舞着我。

我的弟弟聪明而又谦逊，他有自己独特的情绪表达方式——也是我所不具备的。我们兄弟手足情深，虽然他比我年轻十多岁，但我还是从他身上学到了很多东西，如果我能在很多方面像我弟弟该多好。

我的岳父是我见过的最温暖、最热情、最有爱心、最勤奋的人，我的岳母亦然。我永远感激他们接纳我进入他们温馨的家庭。有感于此，我真是迫不及待地想马上再见到他们。

我的哥哥亚当和嫂子艾拉不仅是我的家人，更是我的朋友。身在异国，语言不通，文化相异，是他们给了我家一般的温暖。

在我的人生道路上，有很多良师培养了我对写作的热爱，但最让我难忘的是我的高年级文学赏析课老师简·格拉瑟女士（Ms. Jane Glasser）。她鼓励我不仅要为自己写作，更要为他人写作。

1998年，我被邀请到纽约的"耶和华见证人"（Jehovah's Witnesses）[1]总部工作，这一去便是十三年。在那里我遇到了很多杰出的导师：马克和杰斯·波蒂略（Marc and Jess Portillo）、凯文·威尔（Kevin Wier）、马克·弗洛瑞斯（Mark Flores）、马克斯·拉森（Max Larson）、约翰·拉森（John Larson）、约翰·福斯特（John Foster）、安德烈斯·雷诺索（Andres Reinoso）、亚历克斯·冈萨雷斯（Alex Gonzales）、杜安·斯文森（Duane Svenson）、琼和珍妮特·夏普（Jon and Janet Sharpe）、阿兰和

---

① 美国独立宗教团体——译者注

琼·詹曾（Alan and Joan Janzen）、泰和丽贝卡·富尔顿（Ty and Rebecca Fulton）、黛安·罕娜（Diane Khanna）、托尼·佩雷斯（Tony Perez）、托尼·格里芬（Tony Griffin）、马克·马特森（Mark Mattson）、查克·伍迪（Chuck Woody）、道格·查普尔（Doug Chappel）、维吉尔·卡德（Virgil Card）、托马斯·杰斐逊（Thomas Jefferson）等。他们让我明白了一个道理：所谓"领导力"不关乎职位，而是关乎行动。他们还告诉我，最优秀的经理总是把人放在第一位，这对于我来说是深刻的一课，千金难买。

同时我还要感谢福斯托和维拉·伊达尔戈（Fausto and Vera Hidalgo）、罗埃尔和谢乐尔·图森（Roel and Sheryl Tuzon）、普莱斯神父（Priest Price）、桑德拉和奥维尔·伊诺霍撒（Sandra and Orvil Hinojos）、耶西和莉斯·赫夫勒（Jesse and Liz Hoefle）（及其家人）、文图里纳家族（the Venturina family）、费卡洛斯家族（the Figueras family）、弗洛里斯家族（the Flores family）、莱姆西克家族（the Lemsic family）、卡洛斯家族（the Carlos family）、米什琴科家族（the Myszczenko Family）、阿萨尔家族（the Asare family）和罗马诺家族（the Romano family）。他们都让我有一种宾至如归的感觉。他们每个人都在我心中占有一个特别的位置。

莱尔女士（Ms. Lisle）、贝伦·德尔·瓦勒（Belen del Valle）、曼恩家族（the Mann family）、安尼塔·拜尔（Anita Beyer）和克里斯·西斯特伦克（Kris Sistrunk）都帮助我在德国取得了良好的开端，并教会我如何在欧洲开启事业。

领英写作编辑团队——包括丹尼尔·罗斯（Daniel Roth）、伊莎贝尔·鲁胡尔（Isabelle Roughol）、奇普·卡特（Chip Cutter）、约翰·C. 阿贝尔（John C. Abell）、艾米·陈（Amy Chen）、劳拉·洛伦塞蒂·索珀（Laura Lorenzetti Soper），还有卡蒂·卡罗尔（Katie Carroll），给了我一个分享思想的平台，为我打开了机会的大门。

杰夫·黑登（Jeff Haden）一直都很关照我，他不图回报地教会我如何成为一名成功的作家，只能说他是一个非常好的人。

在我名不见经传的时候，劳拉·洛伯（Laura Lorber）给了我Inc.网站上的一个专栏。在她的鼎力相助之下，我终于成长为一名作家。

丹尼尔·戈尔曼、卡罗尔·德韦克、霍华德·加德纳（Howard Gardner）、布琳·布朗、萨蒂亚·纳德拉（Satya Nadella）、霍华德·舒尔茨（Howard Schultz）、切斯利·B. "萨利" ·苏伦伯格三世上尉（Captain Chesley B. "Sully" Sullenberger III）、罗伯特·恰尔迪尼（Robert Cialdini）、谢乐尔·桑德伯格（Sheryl Sandberg）、西蒙·西内克（Simon Sinek）、蒂凡尼·瓦特·史密斯（Tiffany Watt Smith）、汤姆·彼得斯（Tom Peters）、理查德·戴维森、特拉维斯·布拉德贝里（Travis Bradberry）、珍·格雷夫斯（Jean Graves）、莎伦·贝格利（Sharon Begley）、丹尼尔·艾瑞里（Daniel Ariely）、丹尼尔·卡内曼（Daniel

Kahneman）、维克托·程（Victor Cheng）、约瑟夫·勒杜（Joseph LeDoux）还有苏珊·大卫（Susan David）。他们分享了自己在情绪、思维、管理理论与实践等方面的见解，这些发人深省的思想都为我日后的写作奠定了基础。

亨德里·韦辛格（汉克博士）、亚当·格兰特、克里斯·沃斯、安迪·坎宁安、德鲁·布兰农、洛伦佐·迪亚兹-马泰克斯（Lorenzo Diaz-Mataix），还有朱莉娅·克里斯蒂娜（Julia Kristina）。感谢他们通过对话和访谈分享他们的知识、智慧和经验。还有布赖恩·勃兰特（Brian Brandt）、特伦特·塞尔布雷德（Trent Selbrede）和克莉丝汀·雪莉（Kristin Sherry）帮助我提炼和理清思路。

凯文·克鲁泽和莎莉·霍格斯黑德慷慨地和我分享了写作和出版心得。

"第二页"（Page Two）出版团队在本书的写作和出版方面做出了极大的贡献。杰西·芬克尔斯坦（Jesse Finkelstein）帮助我构想出整本书。加比·纳斯特德（Gabi Narsted）在协调团队工作和跟进进度方面做得非常出色。我的编辑阿曼达·刘易斯（Amanda Lewis）给了我所有我想要的东西：一方面她让书中精彩之处更加出彩，极大改善了书中的不足；另一方面，她站在读者的角度审视全书，给我提出了宝贵的意见和建议，鼓励我不断前进。感谢梅·安塔基（May Antaki）和珍妮·戈维尔（Jenny Govier）帮助我进一步对此书进行完善和润色，他们的努力使得我头脑中的思考完美转变成文字。

感谢彼得·科金（Peter Cocking）、泰西娅·路易（Taysia Louie）和阿克萨拉·曼特拉（Aksara Mantra）为本书里里外外所做的别出心裁的美工设计。在这个看"脸"的时代，书的"颜值"同"内涵"一样重要。

还要感谢伊维特·K.卡巴莱罗（Ivette K. Caballero），她的睿智、热情和丰富的经验使她成为本书推广营销的不二人选。同时还要感谢米歇尔·阿尔文妮（Michelle Alwine），她是一个非常出色的沟通者，很高兴与之合作。正是她们的共同努力才使得拙作与更多的读者见面。

还要特别感谢的有勒伦·平德（LeRon Pinder）、露丝·弗洛雷斯（Ruth Flores）、弗朗西斯·博尼拉（Francis Bonilla）、迈伦·洛金斯（Myron Loggins）、克里斯和苏盖里·布朗（Chris and Sugeiri Brown）、马赛·柯林斯（Masai Collins）、乔和阿普里·帕格里亚（Joe and April Paglia）、克雷格·马丁（Craig Martin）、丹和普里西拉·佩索克（Dan and Priscilla Pecsok）、斯基普和吉吉·科勒（Skip and Geege Koehler）、拉尔夫和萨沙·梅佳（Ralph and Sasha Mejia）、厄尼和戴安娜·里德（Ernie and Diana Reed）、克里斯·博伊斯（Chris Boyce）、谢尔曼·巴茨（Sherman Butts）、凯文·克兰顿（Kevin Clanton）、大卫和阿尼·洛奎奥（David and Arnie Locquiao）、柯蒂斯和玛琳·沃尔特斯（Curtis and Marlene Walters）、奎林和杰迈玛·古马拉

斯（Quirin and Jemima Gumadlas）、马塞洛家族（the Marcelo family）、佩纳家族（the Peña family）、波塞马家族（the Porcema family）、何塞家族（the Jose family）、斯特凡和切丽·萨尼达（Stefan and Cherry Sanidad）、菲尔和爱尔兰·圣地亚哥（Phil and Irish Santiago）、凯文和梅琳·史密斯（Kevin and Mayleen Smith）、罗尼·图阿松（Ronnel Tuazon）、切尔西和约书亚·普西弗（Chelsea and Joshua Pulcifer）、蒂姆和莫妮卡·普谢尔（Tim and Monica Purscell）、詹姆斯·弗勒德（James Flood）、皮特和丽贝卡·施梅切尔（Pete and Rebecca Schmeichel）、吉姆和克里斯塔·伯纳（Jim and Christa Birner）、乔格什·哈纳（Jogesh Khana）、埃里克和洛伊达·伦迪（Eric and Loida Lundy）、德雷尔·琼斯（Derrel Jones）、吉劳德·杰克逊（Giraud Jackson）、杰里米和祖莱卡·莫里（Jeremy and Zuleka Murrie）、埃迪·卡斯蒂略（Eddie Castillo）、莉娜·约翰逊（Lena Johnson）、富兰克林和丽塔·萨蒂多（Franklin and Rita Saucedo）、迈克尔和丽贝卡·吉特勒（Michael and Rebecca Gietler）、菲尔和米歇尔·格林格（Phil and Michelle Geringer）、格里和艾米·纳瓦罗（Gerry and Amy Navarro）、蒂姆和帕姆·扎尔斯基（Tim and Pam Zalesky）、乔·卢肯（Joe Lueken）、阿奎尔·可汗（Aquil Khan）、格伦·巴尔姆斯（Glenn Balmes）、康妮和乔纳森·雷（Connie and Jonathan Lei）、杰内尔·莫里森（Genelle Morrison）、乔纳森和莫林·迪马兰塔（Johnathan and Maureen

Dimalanta）、梅尔文·迪马兰塔（Melvin Dimalanta）、埃里克和埃里卡·卡伦萨（Erick and Erica Calunsag）、罗奇·詹苏伊（Rodge Jansuy）、米契和布里奇塔·利佩恩（Mitch and Bridgeta Lipayon）、埃里克·伊斯拉斯（Eric Islas）、兰迪和约翰娜·罗萨巴尔（Randy and Johanna Rosabal）、奥马尔·莫拉莱斯（Omar Morales）、诺伊·卢娜（Noe Luna）、乔和芭芭拉·林奇（Joe and Barbara Lynch）、帕特里克·雷切尔·斯旺（Patrick and Rachel Swann）、马克和琳达·斯邦克尔（Mark and Linda Sprankle）、瓦达拉家族（the Vadala family）、多和安德里亚·本杰明（Don and Andria Benjamin）、里维拉家族（the Rivera family）、斯宾塞和雷切尔·韦顿（Spencer and Rachel Wetten）、迈卡和阿什莉·赫利（Micah and Ashlie Helie）、博伊厄家族（the Boie family）、安妮·布拉克特（Anne Brackett）、西娅·斯蒂芬诺斯（Sia Stephanos）、莎莉·桑顿（Sally Thornton）、迈克和詹妮弗·赖斯（Mike and Jennifer Reis）、道恩和托德·迈耶（Dawn and Todd Meyer）、佐伊和比尔·康格（Zoe and Bill Conger）、沃德罗家族（the Wardlow Family）、加里和琳达·戈鲁姆（Gary and Linda Gorum）、罗伯逊家族（the Robertson family）、坎波家族（the Campau family）、莱洛家族（the Lello family）、迈克尔和特蕾莎·奥尼尔（Michael and Theresa O'Neill）、伊莎贝尔和雷·佩雷斯（Isabel and Ray Perez）、马特森家族（the Mattson family）、乔斯林和达利斯·惠滕（Jocelyn and Darius Whitten）、

贝弗莉·斯蒂芬斯（Beverly Stephens）、莱马尔和拉比哈·加尼特（Lemar and Rabiha Garnett）、阿尔·沙费家族（the Al-Shaffi family）、马蒂亚斯和阿维利娜·艾克勒（Matthias and Avelina Eichler）、本和莫妮卡·詹金斯（Ben and Monika Jenkins）、曼纽尔和哈娜·克劳斯（Manuel and Hana Krause）、斯蒂芬·斯坦纳（Stefan Steiner）、杰里米·博科维奇（Jeremy Borkovic）、安内洛蕾和彼得·米特里加（Hannelore and Peter Mitrega）、哈拉尔德和西比尔·贝因茨克（Harald and Sybille Beinczyk）、皮耶特和凯伦·沃斯登（Pieter and Karen Vousden）、雷纳德和露丝·卡尔（Rainald and Ruth Kahle）、尼基和尼基塔·卡洛斯特姆（Niki and Nikita Karlstroem）、丹尼尔和德洛丽丝·哈恩（Daniel and Dolores Hahn）、索拉诺和辛迪·威廉姆斯（Solano and Cyndi Williams）、维吉尔和黛德丽·卡德（Virgil and Deidre Card）、丹和卡蒂·霍顿（Dan and Katie Houghton）、亚历克斯和塔比瑟·斯科尔茨（Alex and Tabitha Scholz）、廓莱克家族（the Quohilag family）、费尔南德和吉尔·温德健（Fernand and Jill Oundjian）、奥尔加和亚当·格泽尔茨基（Olga and Adam Grzelczyk）、玛格达和拉法尔·什贾贝尔（Magda and Rafal Szjabel）、莉迪亚·米昆达（Lidia Mikunda）、阿格涅斯卡·扎卡里亚斯（Agnieszka Zachariasz）、内拉和奥利·舒勒尔（Nella and Olli Schueller）、恩斯特和杰西卡·斯内德瑞特（Ernst and Jessica Schneidereit）、拉斯和艾丽安·米勒（Russ and Arianne Miller）、蒂姆·库

卢帕斯（Tim Kouloumpas）、迈克尔·雷因穆勒（Michael Reinmueller）、亚历克斯·雷因穆勒（Alex Reinmueller）、马克·努迈尔（Mark Noumair）、盖伊·皮尔斯（Guy Pierce）、格瑞特·廖什（Gerritt Lösch）、博比和加林娜·里维拉（Bobby and Galina Rivera）、克里斯和多罗·西斯特朗（Kris and Doro Sistrunk）、法尔科和达尼·伯克曼（Falko and Dani Burkmann）、莫里茨和维罗尼·施特劳斯（Moritz and Vroni Strauss）、洛伦和埃尔斯贝特·克拉瓦（Loren and Elsbeth Klawa）、扎卡利亚迪斯家族（the Zachariadis family）、奥赫内-科朗家族（the Ohene-Korang family）、鄂尔多内斯家族（the Ordonez family）、贝恩德和英奇·沃洛贝尔（Bernd and Inge Wrobel）、塞拉斯和梅勒妮·伯格菲尔德（Silas and Melanie Burgfeld）、施威克家族（the Schwicker family）、奥德雷戈家族（the Ouedraogo family）、舍默家族（the Schoemer family）、瓦西里斯和韦罗妮卡·钱塔扎拉斯（Vasilis and Veronika Chantzaras）、索尼娅和乌维·赫尔曼（Sonja and Uwe Herrmann）、埃尔斯贝特和洛恩·克拉瓦（Elsbeth and Lorén Klawa）、拉蒂默家族（the Latimer family）、丹尼尔和瑞秋·皮利（Daniel and Rachel Pilley）、罗森茨魏希家族（the Rosenzweig family）、诺拉·史密斯（Nora Smith）、维吉尼亚和阿内斯·陈（Virginia and Anais Chan）、丹尼尔·沃特穆勒（Daniel Wirthmueller）、杰克和卡罗琳·辛普森（Jack and Caroline Simpson）、阿尔宾·弗里茨（Albin Fritz）、比尔

和詹森·利伯（Bill and Jason Liber）、塞巴斯蒂安·埃尔斯特纳（Sebastian Elstner）、鲁雷斯基家族（the Rurainski family）。还有其他许许多多人，请原谅不能在此一一列举。他们都让我受益匪浅。

我的孩子乔纳和莉莉在某种层面上激励了我，这是我从未经历过的。我在乔纳身上看到太多自己的影子，多到我不敢相信自己的眼睛。莉莉总是带给我惊喜，即便我拥有再强大的情商，也抵挡不了她的魅力。（我希望她能将它用在好的方面，而非用它做不好的事。）每天，我都为他们感到骄傲，感谢耶和华赐予我养育他们的权利和义务，我的生活因他们而精彩。

最后，还要感谢我的妻子多米妮卡。从我们遇见的那一刻起，我就知道你很特别，你一直都令我印象深刻。结婚十年了，我比以往更爱你。你帮助我成就自己最好的一面。你就是我的一切。没有你，我注定徘徊迷茫。

而有了你，我就是世界上最幸福的人。

参考文献

Abendroth, Maryann, and Jeanne Flannery. "Predicting the Risk of Compassion Fatigue." *Journal of Hospice and Palliative Nursing* 8, no. 6 (2006): 346-356.

Agence France-Presse. "Parents Who Praise Children Too Much May Encourage Narcissism, Says Study." *Guardian*, March 10, 2015. www.theguardian.com/world/2015/mar/10/parents-who-praise-children-too-much-may-encourage-narcissism-says-study.

Ahrendts, Angela. "The Self-Proclaimed 'Non-Techie' Leading Apple Retail Strategy." Interview by Rebecca Jarvis. *No Limits with Rebecca Jarvis*. ABC Radio, January 9, 2018.

Almirez, Ramona G. "Celine Dion Reacts Calmly to Fan Storming Stage." Storyful Rights Management, January 8, 2018. https://www.youtube.com/GoO2Lpfcvvi.

American Academy of Achievement. "Thomas Keller." Accessed

January 7, 2017. www.achievement.org/achiever/thomas-keller-2.

Andersen, Erika. "Why We Hate Giving Feedback—and How to Make It Easier." *Forbes*, January 12, 2012. www.forbes.com/ sites/erikaandersen/2012/06/20/why-we-hate-giving-feedbackand-how-to-make-it-easier.

Archer, Dale. "Why Love-Bombing in a Relationship Is So Devious." *Psychology Today*, March 6, 2017. www. psychologytoday.com/ blog/reading-between-the-headlines/201703/why-love-bomb ing-in-relationship-is-so-devious.

Ariely, Dan. *Payoff: The Hidden Logic That Shapes Our Motivations.* New York: Simon & Schuster/TED, 2016.

Arnold, Chris. "Former Wells Fargo Employees Describe Toxic Sales Culture, Even at HQ." NPR, October 4, 2016. www.npr. org/2016/10/04/496508361/former-wells-fargo-employeesdescribe-toxic-sales-culture-even-at-hq.

Atkinson, Brent J. "Supplementing Couples Therapy with Methods for Reconditioning Emotional Habits." *Family Therapy Magazine* 10, no. 3 (2011): 28-32. www.thecouplesclinic.com/pdf/ Supplementing_Couples_Therapy.pdf.

Back, Mitja D., Stefan C. Schmukle, and Boris Egloff. "Why Are Narcissists So Charming at First Sight? Decoding the Narcissism–

Popularity Link at Zero Acquaintance." *Journal of Personality and Social Psychology* 98, no. 1 (2010): 132-145.

Baikie, Karen A., and Kay Wilhelm. "Emotional and Physical Health Benefits of Expressive Writing." *Advances in Psychiatric Treatment* 11, no. 5 (2005): 338-346.

Bal, P. Matthijs, and Martijn Veltkamp. "How Does Fiction Reading Influence Empathy? An Experimental Investigation on the Role of Emotional Transportation." *PLOS One* 8, no. 1 (2013): e55341.

Baquet, Dean. "Dean Baquet Responds to Jay Carney' s *Medium* Post." *Medium*, October 19, 2015. https://medium.com/@ NyTimesComm/dean-baquet-responds-to-jay-carney-s-medium-post-6af794c7a7c6.

Barrett, Lisa Feldman. *How Emotions Are Made: The Secret Life of the Brain*. New York: Houghton Mifflin Harcourt, 2017.

Baumgartner, Thomas, Urs Fischbacher, Anja Feierabend, Kai Lutz, and Ernst Fehr. "The Neural Circuitry of a Broken Promise." *Neuron* 64, no. 5 (2009): 756-770.

Beattie, Louise, Simon D. Kyle, Colin A. Espie, and Stephany M. Biello. "Social Interactions, Emotion and Sleep: A Systematic Review and Research Agenda." *Sleep Medicine Reviews* 24 (2015): 83-100.

Bloom, Paul. *Against Empathy: The Case for Rational Compassion.*

New York: Ecco, 2016.

Bonoir, Andrea. "The Surefire First Step to Stop Procrastinating." *Psychology Today*, May 1, 2014. www.psychologytoday.com/ blog/friendship-20/201405/the-surefire-first-step-stopprocrastinating.

Brooks, Alison Wood. "Get Excited: Reappraising Pre-performance Anxiety as Excitement." *Journal of Experimental Psychology: General* 143, no. 3 (2013): 1144-1158.

Brooks, David. "The Golden Age of Bailing." *New York Times*, July 7, 2017. www.nytimes.com/2017/07/07/opinion/the-goldenage-of-bailing.html.

Bryant, Adam. "Corey E. Thomas of Rapid7 on Why Companies Succeed or Fail." *New York Times*, August 18, 2017. www. nytimes.com/2017/08/18/business/corner-office-corey-thomas-rapid7.html.

Carnegie, Dale. *How to Win Friends & Influence People*. New York: Simon and Schuster, 1981.

Carney, Jay. "What the *New York Times* Didn' t Tell You." *Medium*, October 19, 2015. https://medium.com/@jaycarney/what-thenew-york-times-didn-t-tell-you-a1128aa78931.

Chivers, Tom. "How to Spot a Psychopath." *Telegraph*, August 29, 2017. www.telegraph.co.uk/books/non-fiction/spot-psychopath.

Cialdini, Robert. *Influence: The Psychology of Persuasion*. Rev. ed. New York: Harper Collins, 2009.

Conger, Jay. *The Necessary Art of Persuasion*. Boston: Harvard Business Review Press, 2008.

Cook, John. "Full Memo: Jeff Bezos Responds to Brutal NYT Story, Says It Doesn' t Represent the Amazon He Leads." GeekWire, August 16, 2015. www.geekwire.com/2015/full-memo-jeff-bezosresponds-to-cutting-nyt-expose-says-tolerance-for-lack-of-empathy-needs-to-be-zero.

Côté Stéphane, Katherine A. DeCelles, Julie M. McCarthy, Gerben A. Van Kleef, and Ivona Hideg. "The Jekyll and Hyde of Emotional Intelligence: Emotion-Regulation Knowledge Facilitates Both Prosocial and Interpersonally Deviant Behavior." *Psychological Science* 22, no. 8 (2011): 1073-1080.

D' Alessandro, Carianne. "Dropbox' s CEO Was Late to a Companywide Meeting on Punctuality. What Followed Wasn' t Pretty." Inc. com, July 6, 2017. www.inc.com/video/drew-houston/how-dropboxs-ceo-learned-an-embarrassing-lesson-on-leadership.html.

David, Susan. *Emotional Agility: Get Unstuck, Embrace Change, and Thrive in Work and Life*. New York: Penguin, 2016.

Davidson, Richard J. *The Emotional Life of Your Brain: How Its*

Unique Patterns Affect the Way You Think, Feel, and Live—and How You Can Change Them. New York: Penguin, 2012.

Donne, John. *Devotions upon Emergent Occasions.* Edited by Anthony Raspa. Montreal: McGill-Queen' s University Press, 1975.

Duhigg, Charles. *The Power of Habit: Why We Do What We Do in Life and Business.* New York: Random House, 2012.

Duncan, Rodger Dean. "How Campbell' s Soup' s Former CEO Turned the Company Around." *Fast Company*, September 18, 2014. www.fastcompany.com/3035830/how-campbells-soupsformer-ceo-turned-the-company-around.

Durant, Will. *The Story of Philosophy: The Lives and Opinions of the World' s Greatest Philosophers.* New York: Simon & Schuster, 1953.

Dweck, Carol S. *Mindset: The New Psychology of Success.* New York: Random House, 2006.

Egan, Danielle. "Into the Mind of a Psychopath." *Discover*, June 2016.

Egan, Matt. "Workers Tell Wells Fargo Horror Stories." CNN Money, September 9, 2016. http://money.cnn.com/2016/09/09/investing/wells-fargo-phony-accounts-culture/index.html.

Enoch, Nick. "Mein Camp: Unseen Pictures of Hitler . . . in a Very Tight Pair of Lederhosen." *Daily Mail*, July 3, 2014. www.dailymail.co.uk/news/article-2098223/Pictures-Hitler-rehearsing-hate-filled-speeches.html.

Friedman, Milton. *Capitalism and Freedom*. Fortieth anniversary ed. Chicago: University of Chicago Press, 2002.

Gardner, Howard. *Frames of Mind: The Theory of Multiple Intelligences.* 3rd ed. New York: Basic Books, 2011.

Gendler, Alex, and Anthony Hazard. "How Did Hitler Rise to Power?" TED-Ed, July 18, 2016. https://youtu.be/jFICRFKtAc4.

Gilbert, Elizabeth. *Eat, Pray, Love: One Woman's Search for Everything across Italy, India and Indonesia*. New York: Penguin, 2007.

Gilbert, Sophie. "The Movement of #MeToo." *Atlantic*, October 16, 2017. www.theatlantic.com/entertainment/archive/2017/10/the-movement-of-metoo/542979.

Goleman, Daniel. "About Daniel Goleman." Daniel Goleman (website). Accessed January 7, 2018. www.danielgoleman.info/biography.

——. "Three Kinds of Empathy." Daniel Goleman (website), June 12, 2007. www.danielgoleman.info/three-kinds-of-empathy-cognitive-emotional-compassionate.

Goleman, Daniel, Richard Boyatzis, and Annie McKee. *Primal Leadership: Unleashing the Power of Emotional Intelligence*. Boston:

Harvard Business Review Press, 2013.

Grant, Adam. *Give and Take: Why Helping Others Drives Our Success.* New York: Penguin Books, 2014.

Guerra, Cristela. "Where Did 'Me Too' Come From? Activist Tarana Burke, Long before Hashtags." *Boston Globe*, October 17, 2017. www.bostonglobe.com/lifestyle/2017/10/17/alyssa-milano-credits-activist-tarana-burke-with-founding-metoo-movement-years-ago/o2Jv29v6ljObkKpTpB9Kgp/story.html.

Hampton, Keith, Lee Rainie, Weixu Lu, Inyoung Shin, and Kristen Purcell. "Social Media and the Cost of Caring." Pew Research Center (website), January 15, 2015. www.pewinternet.org/2015/01/15/social-media-and-stress.

Hare, Robert, and Paul Babiak. *Snakes in Suits: When Psychopaths Go to Work.* New York: HarperBusiness, 2007.

Harter, Jim, and Amy Adkins. "Employees Want a Lot More from Their Managers." Gallup Business Journal (website), April 8, 2015. http://news.gallup.com/businessjournal/182321/employees-lot-managers.aspx.

Harvard Medical School. Harvard Study of Adult Development (website). Accessed January 13, 2018. www.adultdevelopmentstudy.org.

Heen, Sheila, and Douglas Stone. "Find the Coaching in Criticism." *Harvard Business Review*, January/February 2014. https://hbr.org/2014/01/find-the-coaching-in-criticism.

Holley, Peter. "He Was Minutes from Retirement. But First, He Blasted His Bosses in a Company-Wide Email." *Washington Post*, December 12, 2016. www.washingtonpost.com/news/on-leadership/wp/2016/12/12/he-was-minutes-from-retirement-but-first-he-blasted-his-bosses-in-a-company-wide-email.

Independent Directors of the Board of Wells Fargo & Company Oversight Committee. *Sales Practices Investigation Report.* Independent Directors of the Board of Wells Fargo & Company, April 10, 2017.

Isaacson, Walter. *Steve Jobs*. New York: Simon & Schuster, 2011.

Jamieson, Jeremy P., Wendy Berry Mendes, Erin Blackstock, and Toni Schmader. "Turning the Knots in Your Stomach into Bows: Reappraising Arousal Improves Performance on the GRE." *Journal of Experimental Social Psychology* 46, no. 1 (2010): 208-212.

Kantor, Jodi, and David Streitfeld. "Inside Amazon: Wrestling Big

Ideas in a Bruising Workplace." *New York Times*, August 16, 2015.

Kantor, Jodi, and Megan Twohey. "Harvey Weinstein Paid Off Sexual Harassment Accusers for Decades." *New York Times*, October 5, 2017. www.nytimes.com/2017/10/05/us/harvey-weinsteinharassment-allegations.html.

Keller, Thomas. "To Our Guests." Thomas Keller Restaurant Group (website). Accessed December 8, 2017. www.thomaskeller.com/messagetoourguests.

Kidd, David, and Emanuele Castano. "Different Stories: How Levels of Familiarity with Literary and Genre Fiction Relate to Mentalizing." *Psychology of Aesthetics, Creativity, and the Arts* 11, no. 4 (2017): 474-486.

Konrath, Sara, Olivier Corneille, Brad J. Bushman, and Olivier Luminet. "The Relationship between Narcissistic Exploitativeness, Dispositional Empathy, and Emotion Recognition Abilities." *Journal of Nonverbal Behavior* 38, no. 1 (2014): 129-143.

Laborde, S., F. Dosseville, and M.S. Allen. "Emotional Intelligence in Sport and Exercise: A Systematic Review." *Scandinavian Journal of Medicine & Science in Sports* 26, no. 8 (2016): 862-874.

Lanzoni, Susan. "A Short History of Empathy." *Atlantic*, October

15, 2015. www.theatlantic.com/health/archive/2015/10/
a-short-history-of-empathy/409912.

LeDoux, Joseph E. "Amygdala." *Scholarpedia* 3, no. 4 (2008): 2698.
www.scholarpedia.org/article/Amygdala.

Lenz, Lyz. "Dear Daughter, I Want You to Fail." Huffington Post,
February 24, 2013. www.huffingtonpost.com/lyz-lenz/snowplow-
parents_b_2735929.html.

Lombardo, Barbara, and Caryl Eyre. "Compassion Fatigue: A Nurse's
Primer." *Online Journal of Issues in Nursing* 16, no. 1 (2011): 3.

Martin, Joanne, Kathleen Knopoff, and Christine Beckman. "An
Alternative to Bureaucratic Impersonality and Emotional Labor:
Bounded Emotionality at The Body Shop." *Administrative Science
Quarterly* 43, no. 2 (1998): 429-469.

Meyer, Robinson. "Everything We Know about Facebook' s Secret
Mood Manipulation Experiment." *Atlantic*, June 28, 2014. www.
theatlantic.com/technology/archive/2014/06/everything-weknow-
about-facebooks-secret-mood-manipulation-experiment/
373648/#iRB.

Moon, Shinji. *The Anatomy of Being*. Self-published, Lulu, 2013.

Myatt, Mike. *Hacking Leadership: The 11 Gaps Every Business Needs*

to Close and the Secrets to Closing Them Quickly. Hoboken, NJ:
Wiley, 2013.

Naglera, Ursa K.J., Katharina J. Reitera, Marco R. Furtnera, and John
F. Rauthmann. "Is There a 'Dark Intelligence'? Emotional Intelligence
Is Used by Dark Personalities to Emotionally Manipulate
Others." *Personality and Individual Differences* 65 (2014): 47-52.

O' Hara, Carolyn. "How to Get the Feedback You Need." *Harvard
Business Review*, May 15, 2015. https://hbr.org/2015/05/
how-to-get-the-feedback-you-need.
On the Media Blog. "The Breaking News Consumer' s Handbook."
WNYC, September 20, 2013. www.wnyc.org/story/breakingnews-
consumers-handbook-pdf.
Outlaw, Frank. Quoted in "What They' re Saying." *San Antonio
Light*, May 18, 1977, 7-B.

Rozovsky, Julia. "The Five Keys to a Successful Google Team,"
re:Work (blog), November 17, 2015. https://rework. withgoogle.
com/blog/five-keys-to-a-successful-google-team.

Salovey, Peter, and John D. Mayer. "Emotional Intelligence."

Imagination, Cognition, and Personality 9, no. 3 (1990): 185-211.

http://ei.yale.edu/wp-content/uploads/2014/06/pub153_Salovey

MayeriCp1990_OCR.pdf.

Sandberg, Sheryl. "There have been many times when I've

been grateful to work at companies that supported families."

Facebook, February 7, 2017. www.facebook.com/sheryl/

posts/10158115250050177.

———. "Today is the end of sheloshim for my beloved husband."

Facebook, June 3, 2015. www.facebook.com/sheryl/

posts/10155617891025177.

Shakespeare, William. *Timon of Athens*. Edited by John Dover Wilson.

Cambridge: Cambridge University Press, 1961.

Solon, Olivia. "The Future of Fake News: Don't Believe Everything

You Read, See or Hear." *Guardian*, July 26, 2017.

www.theguardian.com/technology/2017/jul/26/fake-newsobama-

video-trump-face2face-doctored-content.

Soper, Taylor. "Amazon to 'Radically' Simplify Employee Reviews,

Changing Controversial Program Amid Huge Growth." Geek

Wire, November 14, 2016. www.geekwire.com/2016/amazonradically-

simplify-employee-reviews-changing-controversialprogramamid-huge-growth.

Stern, Robin, and Diane Divecha. "The Empathy Trap." *Psychology Today*, May 4, 2015. www.psychologytoday.com/articles/201505/ the-empathy-trap.

Sullenberger, Chesley. "I Was Sure I Could Do It." Interview by Katie Couric. *60 Minutes*. CBS, February 8, 2009.

Sullenberger, Chesley, and Jeffrey Zaslow. *Sully: My Search for What Really Matters*. New York: William Morrow, 2016.

Ulla, Gabe. "Can Thomas Keller Turn Around Per Se?" *Town & Country*, October 2016.

Vedantam, Shankar. "Hot and Cold Emotions Make Us Poor Judges." *Washington Post*, August 6, 2007.

Voss, Chris, and Tahl Raz. *Never Split the Difference: Negotiating As If Your Life Depended On It*. New York: HarperBusiness, 2016.

Waldinger, Robert J. "What Makes a Good Life? Lessons from the Longest Study on Happiness." TED Talks, December 1, 2015. www.ted.com/talks/robert_waldinger_what_makes_a_good_life_ lessons_from_the_longest_ study_on_happiness.

Watch Tower Bible and Tract Society of Pennsylvania. "Guy H. Pierce, Member of the Governing Body of Jehovah's Witnesses, Dies." Jehovah's Witnesses (website), March 20, 2014. www.jw.org/en/news/releases/by-region/world/guy-pierce-governingbody-member-dies.

Wells, Pete. "At Thomas Keller's Per Se, Slips and Stumbles." *New York Times*, January 12, 2016.

Whitson, Signe. "6 Tips for Confronting Passive-Aggressive People." *Psychology Today*, January 11, 2016. www.psychologytoday.com/blog/passive-aggressive-diaries/201601/6-tips-confronting-passive-aggressive-people.

Wieczner, Jen. "How Wells Fargo's Carrie Tolstedt Went from *Fortune* Most Powerful Woman to Villain." *Fortune*, April 10, 2017. http://fortune.com/2017/04/10/wells-fargo-carrietolstedt-clawback-net-worth-fortune-mpw.

Wilde, Oscar. *The Soul of Man under Socialism*. London: Arthur L. Humphreys, 1900. Project Gutenberg ebook.

Zak, Paul. "The Neuroscience of Trust." *Harvard Business Review*, January/February 2017. https://hbr.org/2017/01/theneuroscience-of-trust.

Zimmermann, Julia, and Franz J. Neyer. "Do We Become a Different Person When Hitting the Road? Personality Development of Sojourners." *Journal of Personality and Social Psychology* 105, no. 3 (2013): 515.

作者寄语

我很乐意将我在撰写本书的几年里进行的诸多研究、访谈和得出的见解分享给大家。

我从实际出发，运用生活中的例子来说明如何将情商应用到工作和生活当中，告诉您为什么这样做前所未有地重要。

如果您有意邀请我分享拙见，请通过LinkedIn或发送电子邮件至info@eqapplied.com同我联系。

此外，如果这本书能带给您些许启发，或者使您茅塞顿开，我很希望您能够跟我分享您的感受。如果您不同意我的观点或者愿意分享您的建设性批评，我也很乐意听到。

期待听到您的反馈，并且希望向您学到更多东西。

推荐语

研究深入，故事生动，妙趣横生。

——世界知名领导力思想家、畅销书作家马歇尔·戈德史密斯

在这个社交媒体攻击盛行、人们背信弃义、腐败猖獗的时代，高情商显得比以往任何时候都重要。贾斯汀·巴里索将"情商"这个概念从理论的殿堂带入现实生活，创造性地把科学研究同著名案例以及个人故事结合起来。这本书教会大家如何用有益的方式表达自己的情绪，使之为你所用，而非为"情"所困，教会你打破藩篱，改善人际关系质量。你将了解到，想法和习惯是如何影响情绪的，以及如何用更健康的习惯来取代过去的坏习惯。你会明白，为什么负面反馈也是一件礼物，而共情何时会给你带来麻烦。最后，你还会了解到人们如何利用你的情绪来操纵你，以及你如何才能抵御这种操纵，让自己在精神和情绪方面变得更强大。

本书为你提供了一套实用的工具和和练习，激励你成为对他

人有益的人，跨过敌视和怨恨，发展出更为真实的自我。你对情绪的了解越深入，你对自己的了解就会越深入，从而能够做出更明智的决定。是时候驾驭你的情绪，使之为你所用了。